Springer-Lehrbuch

Michael Koller

Stochastische Modelle in der Lebensversicherung

2. Auflage

 Springer

Prof. Dr. Michael Koller
AVIVA Plc
St Helen's, 1 Undershaft
EC3P 3DQ London
United Kingdom
mikoller@ethz.ch

Zusätzliches Material zu diesem Buch kann von http://extra.springer.com heruntergeladen werden.

ISSN 0937-7433
ISBN 978-3-642-11251-5   e-ISBN 978-3-642-11252-2
DOI 10.1007/978-3-642-11252-2
Springer Heidelberg Dordrecht London New York

Die Deutsche Nationalbibliothek verzeichnet diese Publikation in der Deutschen Nationalbibliografie; detaillierte bibliografische Daten sind im Internet über http://dnb.d-nb.de abrufbar.

Mathematics Subject Classification (2010): 60G35, 62J20, 60J10, 60J27, 60J65, 60K30, 60J70

Einbandentwurf: WMXDesign GmbH, Heidelberg

Gedruckt auf säurefreiem Papier

Springer ist Teil der Fachverlagsgruppe Springer Science+Business Media (www.springer.com)

Für Luisa, Giulia und Anna

Vorwort

Das vorliegende Buch entstand aus einer Vorlesung über Versicherungsmathematik, welche ich im Sommersemester 1995 an der ETH Zürich gehalten habe. Es soll dem Leser moderne Methoden der Lebensversicherungsmathematik nahelegen, welche dann in der Praxis angewendet werden können.

Dieses Buch richtet sich somit sowohl an den fortgeschrittenen Studenten wie auch an Versicherungsmathematiker aus der Praxis und versucht, die Brücke zwischen Theorie und Praxis zu schlagen. Um dieses Ziel zu erreichen, werden die benötigten theoretischen Hilfsmittel zur Verfügung gestellt und die relevanten Sätze bewiesen. Damit sich die Theorie in die Praxis übertragen lässt, werden sowohl das diskrete als auch das zeitstetige Markovmodell betrachtet. Ersteres führt zu einfacheren Beweisen und lässt sich eins zu eins in die Praxis übertragen. Das zeitstetige Modell wird verwendet, um die Realität genauer abzubilden. Zudem zeichnet sich diese Theorie durch ihre mathematischen Aussagen aus, welche einen tiefen Einblick in das Wesen der Lebensversicherungsmathematik ermöglichen.

Um die Theorie besser in die Praxis umsetzen zu können, ist das Buch mit vielen Beispielen versehen, so dass der Leser die Methoden selber anwenden kann. Für die Beispiele wurde Microsoft Excel verwendet. So ist es möglich, dass der Praktiker die Problemstellungen in der Sprache der Markovmodelle formulieren und lösen kann. Um das Verständnis zu vertiefen, findet der Leser ebenfalls viele Übungen, welche sowohl theoretischer als auch praktischer Natur sind.

Das Buch behandelt neben der Modellierung klassischer Lebensversicherungsdeckungen mit Markovketten auch die Berechnung höherer Momente und Verteilungsfunktionen von Deckungskapitalien. In den späteren Kapiteln des Buches werden fondsgebundene Lebensversicherungstypen und die Anwendung stochastischer Zinsmodelle in der Lebensversicherung betrachtet. Hierbei ist besonders auf die Behandlung von ganzen Versicherungsportefeuilles hinzuweisen. Mit Aussagen über Portefeuilles kann die Risikoexposition des Lebensversicherers gemessen werden. Das Buch endet mit einem Kapitel über die technische Analyse. Hier werden sowohl die klassischen Konzepte wie Spar- und Risikoprämien als auch modernere Konzepte wie das Profit-Testing und die Berechnung des Embedded Value behandelt. Es ist an dieser Stelle zu erwähnen, dass einige Resultate dieses Buches über die Berechnung der Barwerte von Portefeuilles und des Embedded Value mit Hilfe eines Markovmodells erstmals in schriftlicher Form veröffentlicht werden.

Ich möchte an dieser Stelle auch die Gelegenheit wahrnehmen, verschiedenen Personen zu danken. Hierbei wären vor allem viele meiner Kollegen zu nennen, welche Vorversionen dieses Buches gelesen und den einen oder anderen Tippfehler gefunden haben. Meinen besonderen Dank möchte ich gerne an die Professoren Hans Bühlmann und Josef Kupper und die Drs. Angelika May, Klemens Binswanger und Hans-Jörg Furrer richten. Zudem möchte ich auch meinem Arbeitgeber der Rentenanstalt/Swiss Life und Herrn Professor Paul Embrechts für die Unterstützung danken.

Herrliberg, im November 1999   *Michael Koller*

Inzwischen sind zehn Jahre vergangen und die Welt ist nicht stehen geblieben. Das Ziel der vorliegenden zweiten Auflage dieses Buches ist es auf der einen Seite die Fehler zu eliminieren, welche in den letzten Jahren gefunden wurden und das Buch entsprechend den Entwicklungen anzupassen. Hierbei ist vor allem Solvency 2 zu erwähnen. Die hier anzuwendenden Bewertungsmethoden stützen sich auf eine marktnahe Bewertung. In der Folge habe ich die entsprechenden Konzepte deutlicher im Buch dargestellt. Ich möchte an dieser Stelle die Gelegenheit wahrnehmen speziell meiner Ehefrau und meinen beiden Kindern zu danken, welche mich all diese Jahre begleitet und unterstützt haben. Zudem all meinen Kollegen bei den verschiedenen Arbeitgebern (Swiss Life, Swiss Re, Partner Re und Aviva) von welchen ich viel lernen konnte.

Herrliberg, im November 2009   *Michael Koller*

Inhaltsverzeichnis

1. Ein allgemeines Lebensversicherungsmodell

1.1 Einleitung und Fragestellung

Betrachtet man die angebotenen Lebensversicherungsprodukte, stellt man unschwer fest, dass sich diese Produkte durch eine grosse Reichhaltigkeit auszeichnen. Die Unterschiede zwischen den einzelnen Produkten sind für den Laien nur schwer feststellbar. Dies hängt damit zusammen, dass die Lebensversicherungsindustrie eigentlich abstrakte Werte verkauft.

Man kann eine Lebensversicherung immer als Wette auffassen; je nach dem Ausgang dieser Wette bekommt man eine Leistung oder man bezahlt die Versicherungsprämie ohne Gegenleistung der Versicherungsgesellschaft. Aus diesem Sichtwinkel heraus kann man die Lebensversicherungsmathematik als einen Teil der Wahrscheinlichkeitsrechnung betrachten.

Da eine Lebensversicherung sich immer mit geldwerten Leistungen und Prämien befasst, ist sie auch ein Teil des Finanzmarktes und der Ökonomie. In diesem Zusammenhang ist besonders herauszuheben, dass Versicherungstypen, die Leistungen versprechen, welche sich an einem Fonds messen, auch die moderne Finanzmarkttheorie verwenden.

Aus dem Sichtwinkel des Juristen ist eine Lebensversicherung ein mehrseitiger Vertrag, in welchem sich der Versicherungsnehmer und der Versicherer gegenseitig verpflichten.

Wie wir oben gesehen haben, zeichnen sich Versicherungen einerseits durch ihr abstraktes Wesen und andererseits durch ihre Vielfalt aus. Da etwas Abstraktes versprochen wird, ist der Preis einer Versicherung nicht intuitiv klar. Im Gegensatz zu einem Laib Brot kaufen wir vielleicht ein- bis zweimal in unserem Leben eine Lebensversicherung.

Der Charakter einer Lebensversicherung — und hier spreche ich vor allem für die Einzelversicherung — ist durch ein sehr langfristiges Vertragsverhältnis gekennzeichnet. Denken wir zum Beispiel an einen 30jährigen Mann, welcher sich eine Altersrente kauft und nehmen wir weiter an, dass er im neunzigsten Altersjahr stirbt: In diesem Falle beträgt die Vertragsdauer 60 Jahre.

M. Koller, *Stochastische Modelle in der Lebensversicherung*, 2nd ed.,
Springer-Lehrbuch, DOI 10.1007/978-3-642-11252-2_1,

Bedingt durch die Langfristigkeit der Verträge und die dabei eingegangenen Risiken – ich denke hier z.B. an sich ändernde Grundlagen – ist es nötig, den Preis der Versicherung sorgfältig und vorausschauend zu bestimmen.

In diesem Kapitel wollen wir einerseits die klassischen Versicherungstypen kennenlernen und gleichzeitig ein allgemeines Versicherungsmodell vorstellen, mit welchem ein Grossteil der angebotenen Versicherungen tarifiert werden kann.

1.2 Beispiele

Als Erstes wollen wir die wichtigsten Typen und Finanzierungsarten, welche in der Lebensversicherungsindustrie Anwendung finden, beschreiben:

1.2.1 Lebensversicherungstypen

Das Charakteristikum einer jeden Lebensversicherung ist die Tatsache, dass das versicherte Ereignis eng mit dem Gesundheitszustand des Versicherten verbunden ist. Man unterscheidet zwischen den folgenden grundlegenden Typen:

– Versicherungen auf das Leben oder den Tod,

– Erwerbsunfähigkeitsversicherungen,

– Krankenversicherungen.

Für die Versicherungen auf das Leben oder den Tod ist die charakteristische Eigenschaft der versicherten Person, ob sie zu einem bestimmten Zeitpunkt noch am Leben oder aber tot ist. Es kann weiter nach der Todesursache unterschieden werden. (z.B. eine Todesfallversicherung, welche nur bei Unfalltod fällig wird.) Zu der Familie der Todes- und Erlebensfallversicherungen gehören insbesondere die verschiedenen Typen von Alters- und Hinterbliebenenrenten.

Bei den Erwerbsunfähigkeitsversicherungen ist das entscheidende Kriterium die Frage, ob die versicherte Person zu einem bestimmten Zeitpunkt invalid ist. Eine Besonderheit der Erwerbsunfähigkeitsversicherung ist die Tatsache, dass der Versicherungsnehmer auch nur teilweise (z.B. zu 50%) invalid sein kann.

Bei den Krankenversicherungen hängt die Auszahlung einer Leistung vom Gesundheitszustand ab. Zu dieser Kategorie der Lebensversicherung gehören neben den klassischen Produkten, auch modernere Typen wie Long Term

Care. Diese letztere Versicherung bezahlt dann Leistungen, wenn die versicherte Person nicht mehr in der Lage ist, bestimmte Grundbedürfnisse (wie z.B. sich ankleiden) selber zu erfüllen.

Neben der Unterscheidung der Versicherung nach dem zu versichernden Ereignis kann man auch nach der Erbringung der Leistung unterscheiden. Leistungen können als Renten oder in Kapitalform versichert werden.

Im Folgenden wollen wir einige typische Beispiele von Lebensversicherungen beschreiben:

Altersrente: Bei der Altersrente auf ein Leben bezahlt der Versicherer, nach Erreichen des Schlussalters bis zum Tod in periodischen Abständen eine Rente. Normalerweise werden die Renten monatlich, vierteljährlich oder jährlich ausbezahlt. Man unterscheidet weiterhin zwischen vorschüssigen (zu Beginn jeder Periode) und nachschüssigen (am Ende jeder Periode) Renten. Da die Rente nach dem Tod erlischt, ist es möglich, eine Garantiezeit zu vereinbaren. In diesem Falle wird die Rente mindestens während der Garantiedauer ausbezahlt. (Diese Art der Rente kommt dem Bedürfnis nach, sicher etwas für sein Geld zurückzubekommen.)

Erlebensfallversicherung: Bei der Erlebensfallversicherung bezahlt der Versicherer dem Versicherten nach Erreichen des Schlussalters ein Kapital, wenn er zu diesem Zeitpunkt noch lebt. Andernfalls wird nichts bezahlt.

Todesfallversicherung: Die Todesfallversicherung ist das eigentliche Gegenstück zur Erlebensfallversicherung. Im Gegensatz zu letzterer erhält die versicherte Person beim Erleben des Schlussalters nichts. Bei einem vorzeitigen Tod erhalten die Erben der versicherten Person das vereinbarte Kapital. Ein Spezialfall der Todesfallversicherung ist die lebenslängliche Todesfallversicherung. Bei dieser Versicherungsart erhalten die Erben der versicherten Person beim Ableben ein Kapital, auch wenn die versicherte Person dann schon sehr alt war. Da man die lebenslänglichen Todesfallversicherungen auch als Investment für seine Kinder betrachten kann, geniesst dieser Typ der Versicherung in einigen Ländern eine grosse Beliebtheit.

Gemischte Versicherung: Die Gemischte Versicherung ist das klassische Beispiel einer Lebensversicherung. Es handelt sich hierbei um eine Mischung zwischen der Erlebensfall- und der Todesfallversicherung. Dies bedeutet, dass sowohl beim vorzeitigen Tod als auch im Erlebensfall ein vereinbartes Kapital fällig wird.

Witwen- / Witwerrente: Im Gegensatz zu den obigen Beispielen, in denen nur eine Person von Bedeutung war, müssen bei der Witwen- / Witwerrente zwei Personen betrachtet werden. Bei dieser Versicherungsart gibt es den Versicherungsnehmer (z.B. Ehemann) und die versicherte

Person (Ehefrau). Solange beide Personen am Leben sind, wird keine Leistung fällig. Beim Tod des Versicherungsnehmers erhält die versicherte Person eine Rente bis zu ihrem Tod, sofern sie zu diesem Zeitpunkt noch lebt. Auch bei dieser Versicherungsform können garantierte Leistungen vereinbart werden.

Waisenrente: Beim Tod des Vaters oder der Mutter erhält das Kind bis zu seiner Volljährigkeit oder seinem Tod eine Rente.

Versicherung auf zwei Leben: Bei den Versicherungen auf zwei Leben müssen, analog zu den Hinterbliebenenrenten, zwei Personen in Betracht gezogen werden. Es wird eine Leistung vereinbart, die je nach Zustand des Paares (Versicherungsnehmer, versicherte Person)$\in \{(**), (*\dagger), (\dagger*), (\dagger\dagger)\}$ verschieden sein kann. Daraus wird ersichtlich, dass es sich bei der Hinterbliebenenrente um einen Spezialfall handelt. Auch hier können garantierte Renten vereinbart werden.

Rückgewähr: Die Rückgewähr ist eine Zusatzversicherung, welche oft zusammen mit Renten oder Erlebensfallversicherungen verkauft wird. Bei der Rückgewähr handelt es sich um eine Todesfallversicherung in der Höhe der bezahlten Beiträge, eventuell unter Verrechnung der bereits bezogenen Renten. Sie soll ein ähnliches Bedürfnis erfüllen wie die garantierten Renten.

Nachdem wir die wesentlichen Versicherungen auf das Leben und den Tod betrachtet haben, wenden wir uns noch kurz den Erwerbsunfähigkeitsversicherungen zu. Bei ihnen ist die Arbeitsfähigkeit ausschlaggebend. Es ist in diesem Zusammenhang erwähnenswert, dass die Invalidierungswahrscheinlichkeiten massgebend vom wirtschaftlichen Umfeld abhängen. Dies rührt daher, dass während einer Hochkonjunktur jedermann einen Arbeitsplatz findet. Auf der anderen Seite ist es so, dass körperlich angeschlagene Personen bei schwacher Konjunkturlage nur schwer Arbeit finden. Bei der Erwerbsunfähigkeit sind insbesondere die folgenden Versicherungsarten vertreten:

Invalidenrente: Nach Ablauf einer Wartefrist wird der versicherten Person bis zum Schlussalter (oder auch bis zum Tod) oder bis zur Wiedererlangung der Arbeitsfähigkeit eine Rente ausbezahlt. Im Falle einer Invaliden rente, welche nicht mit dem Schlussalter erlischt, spricht man von einer lebenslänglichen Invalidenrente. Der Grund für die Wartefristen liegt in der Tatsache, dass ein Grossteil der invaliden Personen kurz nach der Krankheit oder dem Unfall reaktiviert. Die Wartefrist verbilligt somit diesen Versicherungstypus. Typische Wartefristen sind drei oder sechs Monate und ein oder zwei Jahre.

Invaliditätskapital: Dieses Kapital wird bei voraussichtlich andauernder Invalidität ausbezahlt.

Prämienbefreiung: Die Prämienbefreiung ist eine Zusatzversicherung, welche bei Invalidität für den Versicherungsnehmer den Erlass der Prämie zur Folge hat. Auch bei diesem Versicherungstypus sind Wartefristen üblich.

Invalidenkinderrente: Die Invalidenkinderrente entspricht der Waisenrente mit dem Unterschied, dass nicht der Tod, sondern die Invalidität des Vaters oder der Mutter das auslösende Ereignis darstellt.

1.2.2 Finanzierungsarten

Nachdem wir die Leistungen des Versicherers betrachtet haben, ist es ebenfalls nötig, sich Gedanken über die Finanzierung dieser Leistungen und die zugrundeliegende Philosophie zu machen. Das Hauptprinzip der Lebensversicherung besagt, dass der Wert der Leistungen des Versicherers demjenigen des Versicherungsnehmers entspricht. Man muss sich natürlich fragen, was diese Äquivalenz bedeutet. Wir werden das Äquivalenzprinzip in den folgenden Kapiteln exakt definieren. Doch nun zurück zu den Finanzierungsmöglichkeiten:

- Finanzierung durch Prämien,

- Finanzierung durch Einmaleinlagen.

Bei der Finanzierung durch Prämien verpflichtet sich der Versicherungsnehmer, dem Versicherer bis zu einem bestimmten Zeitpunkt in regelmässigen Abständen eine Prämie zu zahlen. Die Prämienzahlung endet normalerweise im Schlussalter oder mit dem Tod der versicherten Person.

Die andere Möglichkeit zur Finanzierung einer Lebensversicherung besteht darin, eine einmalige Zahlung, d.h. eine Einmaleinlage oder Einmalprämie, zu bezahlen. Normalerweise wird eine Mischform gewählt.

1.3 Das Versicherungsmodell

In diesem Kapitel wollen wir das Versicherungsmodell darstellen, welches wir im Folgenden verwenden werden. Es versucht, die Realität in einem Modell abzubilden. Somit ist es wichtig, eine Klasse von Modellen zu betrachten, welche die gewünschte Flexibilität ermöglichen. Abbildung 1.1 zeigt das Versicherungsmodell. Hierbei stellen wir uns vor, dass die versicherte Person zu jedem Zeitpunkt t in einem Zustand $1, 2, \ldots n$ ist, wobei der Zustand 1 z.B. bedeuten kann, dass die Person am Leben ist. Der Zustand der versicherten Person ist durch den stochastischen Prozess X mit $X_t(\omega) \in S$ gegeben.

Durch das Bleiben in einem Zustand oder durch den Wechsel des Zustandes werden Zahlungen fällig, welche im Versicherungsvertrag festgehalten sind. Zu den Verbindungslinien in der Figur sind also Funktionen $a_i(t)$ und $a_{ij}(t)$ gegeben, welche den Betrag definieren, welchen die versicherte Person beim Bleiben im Zustand i ($a_i(t)$) oder beim Wechsel des Zustands von i nach j im Zeitpunkt t ($a_{ij}(t)$) erhält. Im Folgenden wollen wir die entsprechenden Konzepte einführen. Hierbei unterscheiden wir zwischen einem zeitstetigen Modell, bei welchem $(X_t)_{t \in T}$ auf einem Intervall von $\mathbb{R}$ lebt, und einem zeitdiskreten Modell, bei welchem $(X_t)_{t \in T}$ auf einer Teilmenge von $\mathbb{N}$ lebt. Der Grund für die Unterscheidung der beiden Modelle besteht darin, dass das stetige Modell die interessanteren Aussagen für die Theorie ergibt und das diskrete Modell für die Praxis sehr wichtig ist.

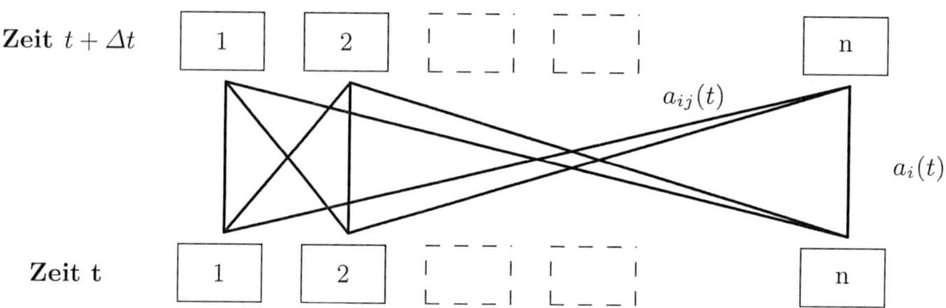

Abbildung 1.1. Vertragliche Situation zwischen t und $t + \Delta t$

Definition 1.3.1 (Zustände). *Im Folgenden bezeichnen wir mit S stets den Zustandsraum, der für die jeweilige Versicherung angewendet wird. S ist eine abzählbare Menge.*

Beispiel 1.3.2. Bei einer Todesfallversicherung auf ein Leben oder einer Gemischten Versicherung wählt man als Zustandsraum oft $S = \{*, \dagger\}$.

Beispiel 1.3.3. Bei einer Erwerbsunfähigkeitsversicherung muss man mindestens die folgenden Zustände betrachten: lebend (aktiv), tot und invalid. Oft betrachtet man jedoch noch mehr Zustände, um die Versicherung besser modellieren zu können. In der Schweiz wird z.B. ein Modell angewendet, welches ausser den Zuständen $\{*, \dagger\}$ ebenfalls die Familie der Zustände $\{$Person wurde mit x Jahren invalid : $x \in \mathbb{N}\}$ betrachtet.

Nachdem wir die Zustände definiert haben, ist es nun möglich, die Leistungsversprechen mathematisch zu modellieren. Mit x und y wollen wir in Zukunft stets das Alter der versicherten Person oder das Policenjahr bezeichnen. Um die Leistungsversprechen definieren zu können, ist es nötig, die Zeitachse genauer zu beschreiben. Da in der Praxis oft in diskreter Zeit gerechnet wird, aber die Theorie in stetiger Zeit die schöneren Resulate ergibt, werden wir zweigleisig weiterfahren.

Definition 1.3.4. *— Mit $a_i(t)$ wollen wir die Summe der bis zum Zeitpunkt t ausbezahlten Beträge bezeichnen, falls wir wissen, dass der Versicherte immer im Zustand i war. $a_i(t)$ nennt man verallgemeinerte Rentenzahlungen. Falls diese Rentenfunktion von beschränkter Variation (s. Def. 2.1.5) ist, können wir auch $a_i(t) = \int_0^t da_i(s)$ schreiben.*

— Mit $a_{ij}(t)$ bezeichnen wir die Zahlung, welche bei einem Zustandswechsel von i nach j zum Zeitpunkt t erfolgt. Diese Leistungen heissen verallgemeinerte Kapitalleistungen.

— Im Falle diskreter Zeit bezeichnen wir mit $a_i^{Pre}(t)$ die Rentenzahlung, welche zur Zeit t fällig wird, falls sich die Police zum Zeitpunkt t in i befindet.

— Im diskreten Modell bezeichen wir mit $a_{ij}^{Post}(t)$ die Kapitalleistungen bei einem Übergang von i nach j zwischen t und $t+1$. Wir wollen hierbei annehmen, dass die Zahlung am Ende des Intervalls erfolgt.

Der Unterschied bei den Funktionen $a_i(t)$ zwischen dem zeitstetigen und dem zeitdiskreten Modell besteht darin, dass beim ersten Modell $a_i(t)$ die Summe der Renten bezeichnet, welche bis zum Zeitpunkt t ausbezahlt werden, in Analogie zu einem Kilometerzähler bei einem Auto. Beim diskreten Modell bezeichnet $a_i^{Pre}(t)$ die einzelne Rente zur Zeit t.

Das folgende Beispiel verdeutlicht das Zusammenspiel zwischen dem Zustandsraum und den Vertragsfunktionen.

Beispiel 1.3.5. Betrachten wir die Gemischte Versicherung, bei welcher im Todesfall 200'000 Fr. und im Erlebensfall 100'000 Fr. fällig werden. Diese Versicherung sei mit einer Prämie finanziert, welche pro Jahr 2'000 Fr. beträgt.

Bei einem Schlussalter von 65 Jahren lauten die nicht trivialen Vertragsfunktionen wie folgt:

$$a_*(x) \;=\; \begin{cases} 0, & \text{falls } x < x_0, \\ -\int_{x_0}^{x} 2000\,dt, & \text{falls } x \in [x_0, 65], \\ -(65 - x_0) \times 2000 + 100000, & \text{falls } x > 65, \end{cases}$$

$$a_{*\dagger}(x) \;=\; \begin{cases} 0, & \text{falls } x < x_0 \text{ oder } x > 65, \\ 200000, & \text{falls } x \in [x_0, 65], \end{cases}$$

wobei wir mit x_0 das Eintrittsalter in die Versicherung, mit $*$ den Zustand lebend und mit $\dagger$ den Zustand tot bezeichnen.

2. Stochastische Prozesse

2.1 Definitionen

In diesem Abschnitt werden wir die grundlegenden Definitionen der Wahrscheinlichkeitsrechnung bereitstellen, welche wir später verwenden werden.

Um dieses Kapitel zu verstehen, werden Grundkenntnisse in Wahrscheinlichkeitsrechnung, Masstheorie und Analysis vorausgesetzt.

Definition 2.1.1 (Mengen). *Im Folgenden bezeichnen wir mit:*

$$
\begin{aligned}
\mathbb{N} \quad &= \quad \textit{die Menge der natürlichen Zahlen inklusive } 0, \\
\mathbb{N}_{|} \quad &= \quad \{x \in \mathbb{N} : x > 0\}, \\
\mathbb{R} \quad &= \quad \textit{die Menge der reellen Zahlen}, \\
\mathbb{R}_{+} \quad &= \quad \{x \in \mathbb{R} : x \geq 0\}.
\end{aligned}
$$

Zudem verwenden wir die folgenden Bezeichnungen für Intervalle. Für $a, b \in \mathbb{R}, a < b$ bezeichnen wir mit

$$
\begin{aligned}
[a, b] \quad &:= \quad \{t \in \mathbb{R} : a \leq t \leq b\}, \\
]a, b] \quad &:= \quad \{t \in \mathbb{R} : a < t \leq b\}, \\
]a, b[\quad &:= \quad \{t \in \mathbb{R} : a < t < b\}, \\
[a, b[\quad &:= \quad \{t \in \mathbb{R} : a \leq t < b\}.
\end{aligned}
$$

Definition 2.1.2 (Indikatorfunktion). *Für eine Menge $A \subset \Omega$ bezeichnen wir mit $\chi_A : \Omega \to \mathbb{R}, \omega \mapsto \chi_A(\omega)$ die Indikatorfunktion, wobei*

$$
\chi_A(\omega) \quad := \quad \begin{cases} 1, & \textit{falls} \quad \omega \in A, \\ 0, & \textit{falls} \quad \omega \notin A. \end{cases}
$$

Mit δ_{ij} bezeichnen wir das Kronecker-Delta, welches gleich 1 ist, falls $i = j$ und andernfalls 0 .

M. Koller, *Stochastische Modelle in der Lebensversicherung*, 2nd ed.,
Springer-Lehrbuch, DOI 10.1007/978-3-642-11252-2_2,
© Springer-Verlag Berlin Heidelberg 2010

Definition 2.1.3. *Für eine Funktion*

$$f : \mathbb{R} \to \mathbb{R}, x \mapsto f(x)$$

definieren wir den linksseitigen und rechtsseitigen Limes, falls diese existieren, wie folgt:

$$
\begin{aligned}
f(x^-) &:= \lim_{\xi \uparrow x} f(\xi), \\
f(x^+) &:= \lim_{\xi \downarrow x} f(\xi).
\end{aligned}
$$

Definition 2.1.4. *Eine reellwertige Funktion $f : \mathbb{R} \to \mathbb{R}$ nennt man von der Ordnung $o(t)$, falls*

$$\lim_{t \to 0} \frac{f(t)}{t} = 0.$$

Wir schreiben $f(t) = o(t)$.

Definition 2.1.5 (Funktionen beschränkter Variation). *Sei $I \subset \mathbb{R}$ ein endliches Intervall. Für eine Funktion*

$$f : I \to \mathbb{C}, t \mapsto f(t)$$

ist die totale Variation der Funktion f bezüglich des Intervalls I gegeben durch

$$V(f, I) = \sup \sum_{i=1}^{n} |f(b_i) - f(a_i)|,$$

wobei das Supremum über alle Zerlegungen des Intervalls I genommen wird, mit

$$a_1 \leq b_1 \leq a_2 \leq b_2 \leq \ldots \leq a_n \leq b_n.$$

Die Funktion f besitzt eine beschränkte Variation *auf I, falls $V(f, I)$ endlich ist. In der Lebensversicherung betrachtet man als Intervall, auf welchem die Funktionen leben, oft $[0, \omega]$, wobei $\omega < \infty$ das grösste Alter mit lebenden Individuen bezeichnet.*

Eigenschaften von Funktionen mit beschränkter totaler Variation finden sich z.B. in [DS57].

Hierbei ist es wichtig zu wissen, dass die Funktionen mit beschränkter Variation sowohl eine Algebra als auch einen Verband bilden. Dies bedeutet, dass für f, g Funktionen mit beschränkter Variation und $\alpha \in \mathbb{R}$ die folgenden Funktionen eine beschränkte Variation besitzen: $\alpha f + g$, $f \times g$, $\min(0, f)$ und $\max(0, f)$.

Definition 2.1.6 (Grundräume, Stochastischer Prozess). *Mit $(\Omega, \mathcal{A}, P)$ bezeichnen wir stets einen Wahrscheinlichkeitsraum, welcher den Kolmogorovschen Axiomen genügt.*

Sei $(S, \mathcal{S})$ ein messbarer Raum (d.h. S eine Menge und $\mathcal{S}$ eine σ-Algebra über S) und T eine Menge. Mit $\mathcal{R} = \sigma(\mathbb{R})$ bezeichnen wir die σ-Algebra der Borelschen Mengen über den reellen Zahlen.

Eine Familie $\{X_t : t \in T\}$ von Zufallsvariablen

$$X_t : (\Omega, \mathcal{A}, P) \to (S, \mathcal{S}), \omega \mapsto X_t(\omega)$$

nennt man stochastischen Prozess *über $(\Omega, \mathcal{A}, P)$ mit* Zustandsraum *S.*

Für jedes $\omega \in \Omega$ wird durch

$$X.(\omega) : T \to S, t \mapsto X_t(\omega)$$

eine Trajektorie *definiert. Wir nehmen an, dass diese Trajektorien rechtsstetig sind und Grenzwerte von links besitzen.*

Definition 2.1.7 (Erwartungswerte). *Für eine Zufallsvariable X auf $(\Omega, \mathcal{A}, P)$ und $\mathcal{B} \subset \mathcal{A}$ eine σ-Algebra bezeichnen wir mit*

$E[X]$ *den* Erwartungswert *der Zufallsvariablen X,*

$-$ $V[X]$ *die* Varianz *der Zufallsvariablen X,*

$-$ $E[X|\mathcal{B}]$ *den* bedingten Erwartungswert *von X bezüglich $\mathcal{B}$.*

Definition 2.1.8. *Für einen stochastischen Prozess $(X_t)_{t \in T}$ auf $(\Omega, \mathcal{A}, P)$ mit Werten in einer abzählbaren Menge S und $i \in S$ definieren wir mit*

$$I_j(t)(\omega) = \begin{cases} 1, & falls & X_t(\omega) = j, \\ 0, & falls & X_t(\omega) \neq j \end{cases}$$

die Indikatorfunktion *bezüglich des Prozesses $(X_t)_{t \in T}$ zur Zeit t.*

Analog definieren wir für $j, k \in S$ mit

$$N_{jk}(t)(\omega) = \# \{\tau \in \,]0, t[\,: X_{\tau-} = j \text{ und } X_\tau = k\}$$

die Anzahl der Sprünge *von j nach k im Zeitintervall $]0, t[$.*

Bemerkung 2.1.9. Im Folgenden wird die Funktion $I_j(t)$ verwendet um zu sehen, ob sich die versicherte Person zur Zeit t im Zustand j befindet und ob somit die Rente $a_j(t)$ ausbezahlt werden muss. Analog werden die Übergänge i nach j dadurch angezeigt, dass sich $N_{ij}(t)$ um 1 erhöht.

Definition 2.1.10 (Normalverteilung). *Eine Zufallsvariable X auf $(\mathbb{R}, \sigma(\mathbb{R}))$ mit Dichte*

$$f_{\mu,\sigma^2}(x) = \frac{1}{\sqrt{2\pi\sigma^2}} \exp\left(-\frac{(x-\mu)^2}{2\sigma^2}\right), \qquad x \in \mathbb{R}$$

nennt man normalverteilt *mit Erwartungswert μ und Varianz σ^2. Wir schreiben $X \sim \mathcal{N}(\mu, \sigma^2)$.*

Beispiele für stochastische Prozesse sind:

Beispiel 2.1.11 (Brownsche Bewegung). Ein Beispiel für einen nichttrivialen stochastischen Prozess ist die Brownsche Bewegung. Dieser Prozess $X = (X_t)_{t \geq 0}$ in stetiger Zeit ($T = \mathbb{R}_+$) mit Zustandsraum $S = \mathbb{R}$ wird zur Beschreibung vieler Naturphänomene verwendet.

Der Prozess ist durch folgende Eigenschaften charakterisiert:

1. $X_0 = 0$ fast sicher.

2. X hat unabhängige Zuwächse: Für alle $0 \leq t_1 < t_2 < \ldots < t_n$ und alle $n \in \mathbb{N}$ sind die Zufallsvariablen: $B_{t_1} - B_{t_0}, B_{t_2} - B_{t_1}, \ldots, B_{t_n} - B_{t_{n-1}}$ unabhängig.

3. X hat stationäre Zuwächse.

4. $X_t \sim \mathcal{N}(0, t)$.

Man kann zeigen, dass X fast sicher stetige Pfade besitzt, welche jedoch nirgends differenzierbar sind.

Beispiel 2.1.12 (Poissonprozess). Der Poissonprozess $N = (N_t)_{t \geq 0}$ ist ein *Zählprozess* mit Zustandraum $\mathbb{N}$, welcher z.B. zur Modellierung eines Schadenzahlprozesses in der Versicherung verwendet wird. Auch dieser Prozess findet in stetiger Zeit statt. Der homogene Poissonprozess ist durch die folgenden Eigenschaften charakterisiert:

1. $N_0 = 0$ fast sicher.

2. N hat unabhängige, stationäre Zuwächse.

3. Für alle $t > 0$ und alle $k \in \mathbb{N}$ gilt: $P[N_t = k] = \exp(-\lambda t)\frac{(\lambda t)^k}{k!}$.

2.2 Markovketten mit abzählbarem Zustandsraum

Im Folgenden bezeichnet S eine abzählbare Menge.

Definition 2.2.1. *Sei $(X_t)_{t \in T}$ ein stochastischer Prozess über $(\Omega, \mathcal{A}, P)$ mit Zustandsraum S und $T \subset \mathbb{R}$. Den Prozess X nennt man Markovkette, falls für alle*

$$n \geq 1, t_1 < t_2 < \ldots < t_{n+1} \in T, i_1, i_2, \ldots, i_{n+1} \in S$$

mit

$$P[X_{t_1} = i_1, X_{t_2} = i_2, \ldots, X_{t_n} = i_n] > 0$$

das Folgende gilt:

$$P[X_{t_{n+1}} = i_{n+1} | X_{t_k} = i_k \forall k \leq n] \quad = \quad P[X_{t_{n+1}} = i_{n+1} | X_{t_n} = i_n]. \quad (2.1)$$

Bemerkung 2.2.2.   1. Die bedingten Wahrscheinlichkeiten hängen nur vom *letzten* Zustand ab, aber nicht vom Weg auf dem die Markovkette diesen Zustand erreicht hat.

2. Markovketten sind in ihrer Art sehr vielseitig einsetzbar. Dies hängt damit zusammen, dass sie auf der einen Seite einfach zu handhaben sind, auf der anderen Seite jedoch eine grosse Menge von Phänomenen modellieren können. Im Folgenden werden wir Markovketten zur Modellierung von Lebensversicherungen verwenden.

Beispiel 2.2.3.   1. Für $T = \mathbb{N}_+$ betrachten wir einen stochastischen Prozess $(X_t)_{t \in T}$ mit $S \subset \mathbb{R}$, bei welchem die $\{X_t : t \in T\}$ unabhängig sind. Zudem seien $n \geq 1, t_1 < t_2 < \ldots < t_{n+1} \in T, i_1, i_2, \ldots, i_{n+1} \in S$ gegeben. Da

$$P[X_{t_1} = i_1, X_{t_2} = i_2, \ldots, X_{t_n} = i_n] = \prod_{k=1}^{n} P[X_{t_k} = i_k]$$

ist, handelt es sich bei diesem Prozess um eine Markovkette.

2. Ausgehend von obigem Beispiel definieren wir $S_m = \sum_{k=1}^{m} X_k$, mit $m \in \mathbb{N}$. Auch dies ist ein Beispiel für eine Markovkette.

Beweis.

$$P[S_{t_{n+1}} = i_{n+1} \,|\, S_{t_1} = i_1, S_{t_2} = i_2, \ldots, S_{t_n} = i_n]$$
$$= P[S_{t_{n+1}} - S_{t_n} = i_{n+1} - i_n]$$
$$= P[S_{t_{n+1}} = i_{n+1} \,|\, S_{t_n} = i_n].$$

Definition 2.2.4. *Sei $(X_t)_{t \in T}$ ein stochastischer Prozess über $(\Omega, \mathcal{A}, P)$. Dann bezeichnen wir mit*

$$p_{ij}(s,t) \quad := \quad P[X_t = j \mid X_s = i], \qquad \text{wobei } s \leq t \text{ und } i, j \in S,$$

die bedingte Wahrscheinlichkeit, in den Zeiten s bzw. t von Zustand i nach Zustand j zu wechseln.

Das nun folgende Chapman-Kolmogorov-Theorem ist einer der theoretischen Eckpfeiler für alles Folgende. Es stellt für $s \leq t \leq u$ den Zusammenhang von $P(s,t)$, $P(t,u)$ und $P(s,u)$ her:

Theorem 2.2.5 (Chapman-Kolmogorov-Gleichung). *Sei $(X_t)_{t \in T}$ eine Markovkette und seien $s \leq t \leq u \in T$, $i, k \in S$ mit $P[X_s = i] > 0$. Dann gelten die folgenden Gleichungen:*

$$p_{ik}(s,u) \quad = \quad \sum_{j \in S} p_{ij}(s,t) \, p_{jk}(t,u), \tag{2.2}$$

$$P(s,u) \quad = \quad P(s,t) \times P(t,u). \tag{2.3}$$

Dies bedeutet, dass man für $s \leq t \leq u \in T$ $P(s,u)$ durch Matrixmultiplikation von $P(s,t)$ mit $P(t,u)$ erhalten kann.

Beweis. Für $t = s$ oder $t = u$ ist die Gleichung offensichtlich richtig; wir können also ohne Beschränkung der Allgemeinheit $s < t < u$ wählen. Wir bezeichnen mit:

$$\begin{aligned} S^* \quad &= \quad \{j \in S : P[X_t = j \mid X_s = i] \neq 0\} \\ &= \quad \{j \in S : P[X_t = j, \, X_s = i] \neq 0\}. \end{aligned}$$

(Die letzte Gleichung ist wegen der Voraussetzung $P[X_s = i] > 0$ erfüllt.) Die Chapman-Kolmogorov-Gleichung kann nun durch die folgenden Gleichungen bewiesen werden:

$$\begin{aligned} p_{ik}(s,u) \quad &= \quad P[X_u = k \mid X_s = i] \\ &= \quad \sum_{j \in S^*} P[X_u = k, \, X_t = j \mid X_s = i] \\ &= \quad \sum_{j \in S^*} P[X_t = j \mid X_s = i] \times P[X_u = k \mid X_s = i, \, X_t = j] \\ &= \quad \sum_{j \in S^*} p_{ij}(s,t) \times p_{jk}(t,u) \\ &= \quad \sum_{j \in S} p_{ij}(s,t) \times p_{jk}(t,u), \end{aligned}$$

wobei wir bei der vierten Gleichung die Markoveigenschaft benutzen.

Nachdem wir die Chapman-Kolmogorov-Gleichung bewiesen haben, können
wir das abstrakte Konzept der Übergangsmatrix einführen:

Definition 2.2.6 (Übergangsmatrix). *Eine Familie $p_{ij}(s,t)$ heisst Übergangsmatrix, falls die folgenden vier Eigenschaften erfüllt sind:*

1. $p_{ij}(s,t) \geq 0$.

2. $\sum\limits_{j \in S} p_{ij}(s,t) = 1$.

3. $p_{ij}(s,s) = \begin{cases} 1, & \text{falls} \quad i = j, \\ 0, & \text{falls} \quad i \neq j, \end{cases} \qquad \text{falls } P[X_s = i] > 0$.

4. $p_{ik}(s,u) = \sum_{j \in S} p_{ij}(s,t)\, p_{jk}(t,u)$ für $s \leq t \leq u$ und $P[X_s = i] > 0$.

Satz 2.2.7. *Für eine Markovkette $(X_t)_{t \in T}$ ist $p_{ij}(s,t)$ eine Übergangsmatrix.*

Beweis. Dieser Satz folgt direkt aus dem Chapman-Kolmogrov-Theorem
(Thm. 2.2.5).

Satz 2.2.8. *Ein stochastischer Prozess $(X_t)_{t \in T}$ ist genau dann eine Markovkette, falls*

$$P[X_{t_1} = i_1, \ldots, X_{t_n} = i_n] \;=\; P[X_{t_1} = i_1] \prod_{k=1}^{n-1} p_{i_k, i_{k+1}}(t_k, t_{k+1}), \quad (2.4)$$

für alle

$$n \geq 1, t_1 < t_2 < \ldots < t_{n+1} \in T, i_1, i_2, \ldots, i_{n+1} \in S$$

Beweis. Falls $(X_t)_{t \in T}$ eine Markovkette ist mit

$$P[X_{t_1} = i_1, X_{t_2} = i_2, \ldots, X_{t_n} = i_n] > 0,$$

gilt:

$$P[X_{t_1} = i_1, \ldots, X_{t_n} = i_n] = P[X_{t_1} = i_1, \ldots, X_{t_{n-1}} = i_{n-1}] \cdot p_{i_{n-1}, i_n}(t_{n-1}, t_n),$$

wegen der Markoveigenschaft. Aus der obigen Gleichung folgt (2.4) mittels
vollständiger Induktion. Die umgekehrte Richtung ist trivial.

Satz 2.2.9 (Markoveigenschaft). *Sei $(X_t)_{t \in T}$ eine Markovkette und n, m
aus $\mathbb{N}$. Dann gilt für $t_1 < t_2 < \ldots < t_n < t_{n+1} < \ldots < t_{n+m}$, $i \in S$ und
$A \subset S^{n-1}$ bzw. $B \subset S^m$ zwei Mengen mit*

$$P\left[(X_{t_1}, X_{t_2}, \ldots, X_{t_{n-1}}) \in A, X_{t_n} = i\right] > 0$$

die folgende Gleichung (Markoveigenschaft):

$$P\left[(X_{t_{n+1}}, X_{t_{n+2}}, \ldots, X_{t_{n+m}}) \in B \,\middle|\, (X_{t_1}, X_{t_2}, \ldots, X_{t_{n-1}}) \in A, X_{t_n} = i\right]$$
$$= P\left[(X_{t_{n+1}}, X_{t_{n+2}}, \ldots, X_{t_{n+m}}) \in B \,\middle|\, X_{t_n} = i\right].$$

Beweis. Im Folgenden bezeichnen wir mit $i^n = (i_1, i_2, \ldots, i_n)$. Mit Hilfe der Gleichung (2.4) lassen sich die folgenden Grössen berechnen:

$$P\left[(X_{t_1}, \ldots, X_{t_{n-1}}) \in A, X_{t_n} = i\right]$$

$$= \sum_{i^{n-1} \in A, i_n = i} P\left[X_{t_1} = i_1\right] \times \prod_{k=1}^{n-1} p_{i_k, i_{k+1}}(t_k, t_{k+1}),$$

$$P\left[(X_{t_1}, \ldots, X_{t_{n+m}}) \in A \times \{i\} \times B\right]$$

$$= \sum_{i^{n+m} \in A \times \{i\} \times B} P\left[X_{t_1} = i_1\right] \times \prod_{k=1}^{n+m-1} p_{i_k, i_{k+1}}(t_k, t_{k+1}).$$

Aus den beiden obigen Formeln erhalten wir schliesslich

$$P\left[(X_{t_{n+1}}, \ldots, X_{t_{n+m}}) \in B \,|\, (X_{t_1}, \ldots, X_{t_{n-1}}) \in A, X_{t_n} = i\right]$$

$$= \sum_{(i_n, i_{n+1}, \ldots, i_{n+m}) \in \{i\} \times B} \prod_{k=n}^{n+m-1} p_{i_k, i_{k+1}}(t_k, t_{k+1})$$

$$\times \frac{\displaystyle\sum_{i^{n-1} \in A} P\left[X_{t_1} = i_1\right] \times \prod_{l=1}^{n-1} p_{i_l, i_{l+1}}(t_l, t_{l+1})}{\displaystyle\sum_{i^{n-1} \in A} P\left[X_{t_1} = i_1\right] \times \prod_{l=1}^{n-1} p_{i_l, i_{l+1}}(t_l, t_{l+1})}$$

$$= \sum_{(i_{n+1}, \ldots, i_{n+m}) \in B} \prod_{k=n}^{n+m-1} p_{i_k, i_{k+1}}(t_k, t_{k+1}) \frac{P\left[X_{t_n} = i\right]}{P\left[X_{t_n} = i\right]}$$

$$= P\left[(X_{t_{n+1}}, X_{t_{n+2}}, \ldots, X_{t_{n+m}}) \in B | X_{t_n} = i\right].$$

Definition 2.2.10. *Eine Markovkette $(X_t)_{t \in T}$ nennt man* homogen, *falls für alle $s, t \in \mathbb{R}, h > 0$ und $i, j \in S$ mit $P[X_s = i] > 0$ und $P[X_t = i] > 0$ die folgende Homogenitätseigenschaft in der Zeit erfüllt ist:*

$$P[X_{s+h} = j \,|\, X_s = i] \;=\; P[X_{t+h} = j \,|\, X_t = i].$$

In diesem Falle schreiben wir:

$$\begin{aligned} p_{ij}(h) &:= p_{ij}(s, s+h), \\ P(h) &:= P(s, s+h). \end{aligned}$$

Bemerkung 2.2.11. 1. Eine homogene Markovkette zeichnet sich dadurch aus, dass die Übergangswahrscheinlichkeiten und somit die Übergangsmatrizen nur von der Zeitdifferenz abhängen.

2. Im Falle homogener Markovketten vereinfachen sich die Chapman-Kolmogorov-Gleichungen zu

$$P(s + t) = P(s) \times P(t).$$

   Diese Eigenschaft nennt man Halbgruppeneigenschaft. Sie wird auch in vielen anderen Gebieten wie z.B. der Quantenmechanik verwendet.

3. Die Abbildung:

$$P : T \to M_n(\mathbb{R}), t \mapsto P(t)$$

   definiert eine einparametrige *Halbgruppe*.

2.3 Markovketten in stetiger Zeit und die Kolmogorovschen Differentialgleichungen

Wir betrachten nun nur noch Markovketten über endlichen Zustandsräumen, so dass die punktweise und die gleichmässige Konvergenz bezüglich S zusammenfallen und sich die Beweise somit vereinfachen.

Definition 2.3.1. *Sei* $(X_t)_{t \in T}$ *eine Markovkette mit endlichem Zustandsraum* S *und* $T \subset \mathbb{R}$. *Dann bezeichnen wir für* $N \subset S$ *mit*

$$p_{jN}(s, t) := \sum_{k \in N} p_{jk}(s, t).$$

Definition 2.3.2 (Übergangsintensitäten). *Sei* $(X_t)_{t \in T}$ *eine Markovkette in stetiger Zeit mit endlichem Zustandsraum* S. $(X_t)_{t \in T}$ *nennt man regulär, falls die folgenden Grenzwerte existieren und stetig in den Variablen sind:*

$$\mu_i(t) \;=\; \lim_{\Delta t \searrow 0} \frac{1 - p_{ii}(t, t + \Delta t)}{\Delta t} \; \textit{für alle } i \in S, \qquad (2.5)$$

$$\mu_{ij}(t) \;=\; \lim_{\Delta t \searrow 0} \frac{p_{ij}(t, t + \Delta t)}{\Delta t} \; \textit{für alle } i \neq j \in S, \qquad (2.6)$$

Die Funktionen $\mu_i(t)$ *und* $\mu_{ij}(t)$ *nennt man* Übergangsintensitäten *der Markovkette. Zudem definieren wir* μ_{ii} *durch*

$$\mu_{ii}(t) \;=\; -\mu_i(t) \; \textit{für alle } i \in S. \qquad (2.7)$$

Bemerkung 2.3.3. 1. Die Regularität der Markovketten wird im Versicherungsmodell verwendet, um Differentialgleichungen für den Wert der Versicherung herzuleiten (Thielesche Differentialgleichung, z.B. Theorem 5.2.1).

2. Die Intensitäten können auch als Ableitungen der Übergangswahrscheinlichkeiten aufgefasst werden. So gilt z.B. für $i \neq j$:

$$
\begin{aligned}
\mu_{ij}(t) &= \lim_{\Delta t \searrow 0} \frac{p_{ij}(t, t + \Delta t)}{\Delta t} \\
&= \lim_{\Delta t \searrow 0} \frac{p_{ij}(t, t + \Delta t) - p_{ij}(t, t)}{\Delta t} \\
&= \left. \frac{d}{ds} p_{ij}(t, s) \right|_{s=t}.
\end{aligned}
$$

3. $\mu_{ij}(t)\, dt$ kann als infinitesimale Übergangswahrscheinlichkeit $i \rightsquigarrow j$ im Zeitintervall $[t, t+dt]$ interpretiert werden. Analog entspricht $\mu_i(t)\, dt$ der infinitesimalen Wahrscheinlichkeit, im entsprechenden Zeitintervall den Zustand i zu verlassen.

4. Wenn wir mit

$$
\Lambda(t) = \begin{pmatrix}
\mu_{11}(t) & \mu_{12}(t) & \mu_{13}(t) & \cdots & \mu_{1n}(t) \\
\mu_{21}(t) & \mu_{22}(t) & \mu_{23}(t) & \cdots & \mu_{2n}(t) \\
\mu_{31}(t) & \mu_{32}(t) & \mu_{33}(t) & \cdots & \mu_{3n}(t) \\
\vdots & \vdots & \vdots & \ddots & \vdots \\
\mu_{n1}(t) & \mu_{n2}(t) & \mu_{n3}(t) & \cdots & \mu_{nn}(t)
\end{pmatrix}
$$

bezeichnen, stellt Λ den Generator der Entwicklung dar in dem Sinne, dass für homogene Markovketten die folgende Gleichung gilt:

$$
\Lambda(0) = \lim_{\Delta t \to 0} \frac{P(\Delta t) - 1}{\Delta t}.
$$

$\Lambda(0)$ nennt man *Generator der einparametrigen Halbgruppe*. Für homogene Markovketten kann man $P(t)$ durch

$$
P(t) = \exp(t\,\Lambda) = \sum_{n=0}^{\infty} \frac{t^n}{n!} \Lambda^n
$$

zurückerhalten.

5. Für den Rest des Buches betrachten wir endliche Zustandsräume und können so gewisse Konvergenzprobleme eliminieren.

Nachdem wir die Intensitäten definiert haben, können wir die Kolmogorovschen Differentialgleichungen beweisen. Sie stellen den Zusammenhang zwischen den partiellen Ableitungen von p_{ij} und den μ her:

Theorem 2.3.4 (Kolmogorov). *Sei $(X_t)_{t \in T}$ eine reguläre Markovkette mit endlichem Zustandsraum S. Dann gelten die folgenden Aussagen:*

1. *(Rückwärts Differentialgleichungen)*

$$\frac{d}{ds}p_{ij}(s,t) \;=\; \mu_i(s)p_{ij}(s,t) - \sum_{k\neq i}\mu_{ik}(s)p_{kj}(s,t), \qquad (2.8)$$

$$\frac{d}{ds}P(s,t) \;=\; -\Lambda(s)P(s,t). \qquad (2.9)$$

2. *(Vorwärts Differentialgleichungen)*

$$\frac{d}{dt}p_{ij}(s,t) \;=\; -p_{ij}(s,t)\mu_j(t) + \sum_{k\neq j}p_{ik}(s,t)\mu_{kj}(t), \qquad (2.10)$$

$$\frac{d}{dt}P(s,t) \;=\; P(s,t)\Lambda(t). \qquad (2.11)$$

Beweis. Der Beweis folgt im Wesentlichen aus den Chapman-Kolmogorov-Gleichungen.

1. Wir werden die Matrixversion der Aussage beweisen, weil so die wesentlichen Eigenschaften deutlicher sichtbar werden. Sei $\Delta s > 0$. Wir bezeichnen mit $\xi := s + \Delta s$.

$$\begin{aligned}
\frac{P(\xi,t) - P(s,t)}{\Delta s} \;&=\; \frac{1}{\Delta s}\Big(P(\xi,t) - P(s,\xi)\,P(\xi,t)\Big) \\
&=\; \Big(\frac{1}{\Delta s}(1 - P(s,\xi))\Big) \times P(\xi,t) \\
&\longrightarrow\; -\Lambda(s)P(s,t) \text{ für } \Delta s \searrow 0,
\end{aligned}$$

wobei wir die Chapman-Kolmogorov-Gleichungen und die Stetigkeit der Matrixmultiplikation benutzen.

2. Die zweite Differentialgleichung kann analog bewiesen werden. Sei $\Delta t > 0$.

$$\begin{aligned}
\frac{P(s,t+\Delta t) - P(s,t)}{\Delta t} \;&=\; \frac{1}{\Delta t}\Big(P(s,t)P(t,t+\Delta t) - P(s,t)\Big) \\
&=\; P(s,t) \times \frac{1}{\Delta t}\Big(P(t,t+\Delta t) - 1\Big) \\
&\longrightarrow\; P(s,t)\Lambda(t) \text{ für } \Delta t \searrow 0.
\end{aligned}$$

Bemerkung 2.3.5. Die Kolmogorovschen Differentialgleichungen dienen primär dazu, die Übergangswahrscheinlichkeiten p_{ij} ausgehend von den Intensitäten μ zu berechnen.

Definition 2.3.6. *Sei $(X_t)_{t \in T}$ eine reguläre Markovkette mit endlichem Zu-standsraum S. In diesem Fall bezeichnen wir für $s, t \in \mathbb{R}, s \leq t$ und $j \in S$ mit*

$$\bar{p}_{jj}(s,t) := P\left[\bigcap_{\xi \in [s,t]} \{X_\xi = j\} \,\Big|\, X_s = j \right]$$

die bedingte Wahrscheinlichkeit, im Zeitintervall $[s,t]$ immer im Zustand j zu bleiben.

Diese Wahrscheinlichkeit kann in der Lebensversicherung z.B. dazu benutzt werden, um die Wahrscheinlichkeit zu berechnen, dass der Versicherungsneh-mer 5 Jahre überlebt. Der folgende Satz zeigt uns, wie wir diese Grösse mit Hilfe der Übergangsintensitäten berechnen können:

Satz 2.3.7. *Für eine reguläre Markovkette und $s \leq t$ gilt*

$$\bar{p}_{jj}(s,t) \;=\; \exp\left(-\sum_{k \neq j} \int_s^t \mu_{jk}(\tau)d\tau \right), \tag{2.12}$$

falls $P[X_s = j] > 0$.

Beweis. Mit $K_j(s,t)$ bezeichnen wir $K_j(s,t) := \bigcap_{\xi \in [s,t]} \{X_\xi = j\}$. Sei $\Delta t > 0$. Da $P[A \cap B \,|\, C] = P[B \,|\, C]\, P[A \,|\, B \cap C]$, erhalten wir

$$
\begin{aligned}
\bar{p}_{jj}(s, t + \Delta t) \;&=\; P[K_j(s,t) \cap K_j(t, t + \Delta t) \,|\, X_s = j] \\
&=\; P[K_j(s,t) \,|\, X_s = j]\, P[K_j(t, t + \Delta t) \,|\, X_s = j \cap K_j(s,t)] \\
&=\; P[K_j(s,t) \,|\, X_s = j]\, P[K_j(t, t + \Delta t) \,|\, X_t = j] \\
&=\; \bar{p}_{jj}(s,t)\, P[K_j(t, t + \Delta t) \,|\, X_t = j],
\end{aligned}
$$

wobei wir die Markoveigenschaft benutzen und verwenden, dass $\{X_s = j\} \cap K_j(s,t) = \{X_t = j\} \cap K_j(s,t)$. Aus der obigen Gleichung erhalten wir:

$$
\begin{aligned}
\bar{p}_{jj}(s, t + \Delta t) - \bar{p}_{jj}(s,t) \;&=\; -\bar{p}_{jj}(s,t) \times \left(1 - P[K_j(t, t + \Delta t) \,|\, X_t = j] \right) \\
&=\; -\bar{p}_{jj}(s,t) \times \left(\sum_{k \neq j} p_{jk}(t, t + \Delta t) + o(\Delta t) \right),
\end{aligned}
$$

indem wir die Existenz der μ verwenden.

Aus der letzten Gleichung ergibt sich mittels Grenzwert die folgende Diffe-rentialgleichung:

$$\frac{d}{dt}\bar{p}_{jj}(s,t) \;=\; -\bar{p}_{jj}(s,t) \times \sum_{k \neq j} \mu_{jk}(t).$$

Durch das Lösen der Differentialgleichung erhalten wir das gewünschte Re-sultat (2.12), indem wir die Randbedingung $\bar{p}_{jj}(s,s) = 1$ benutzen.

2.4 Beispiele

In diesem Abschnitt wollen wir die Theorie mit einigen Beispielen untermauern.

Beispiel 2.4.1. Als Erstes wollen wir eine Todesfallversicherung betrachten. Dies kann ein Kapital sein, welches die Erben bei dem Tod der versicherten Person erhalten. In diesem Fall wählt man normalerweise ein Modell mit zwei (lebend $*$, tot $\dagger$) oder drei Zuständen (lebend, tot (Unfall), tot (Krankheit)). Wir wollen uns auf ein Modell mit zwei Zuständen beschränken. Für die Sterbedichte wählen wir z.B.

$$\mu_{*\dagger}(x) \;=\; \exp(-9.13275 + 8.09438 \cdot 10^{-2} x - 1.10180 \cdot 10^{-5} x^2). \tag{2.13}$$

Bei der Sterbedichte handelt es sich um die Übergangsintensität, welche dem Zustandsübergang $* \rightsquigarrow \dagger$ zugeordnet ist. Für die Herleitung von Sterbeintensitäten verweisen wir auch auf den Abschnitt 4.3. Mit Hilfe der Sterbedichte und der Formel (2.12) können wir nun die Überlebenswahrscheinlichkeit für einen 35jährigen Mann wie folgt berechnen:

$$\bar{p}_{**}(35, x) = \exp\left(-\int_{35}^{x} \mu_{*\dagger}(\tau)d\tau \right), \qquad \text{für } x > 35.$$

Abbildung 2.1 stellt einerseits die Übergangsintensität (gepunktete Linie) und andererseits die Überlebenswahrscheinlichkeit (durchgezogene Linie) ausgehend von $x = 35$ dar.

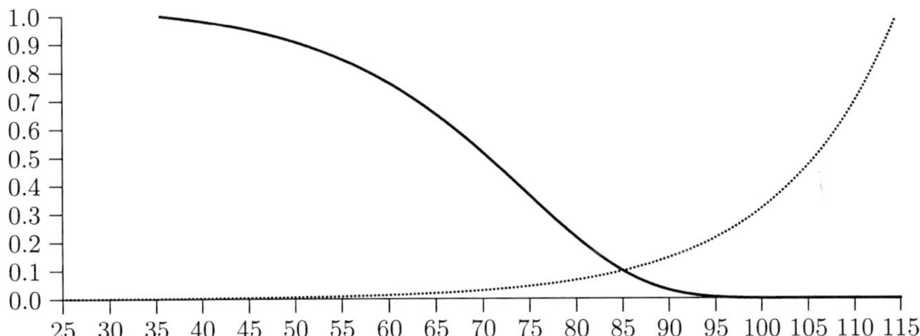

Abbildung 2.1. Sprungintensität $\mu_{*\dagger}(x)$ sowie Überlebenswahrscheinlichkeit $\bar{p}_{**}(35, x)$

Beispiel 2.4.2. Wir betrachten ein Invaliditätsmodell mit den drei Zuständen:

Zustand	**Symbol**
aktiv	$*$
invalid	$\diamond$
tot	$\dagger$

Wir definieren die folgenden Übergangsintensitäten:

$$
\begin{aligned}
\sigma(x) &:= 0.0004 + 10^{(0.060\,x - 5.46)}, \\
\mu(x) &:= 0.0005 + 10^{(0.038\,x - 4.12)}, \\
\mu_{*\diamond}(x) &:= \sigma(x), \\
\mu_{*\dagger}(x) &:= \mu(x), \\
\mu_{\diamond\dagger}(x) &:= \mu(x).
\end{aligned}
$$

Bei der Übergangsintensität σ handelt es sich um die infinitesimale Invalidie-rungswahrscheinlichkeit und bei μ um die entsprechende Sterbewahrschein-lichkeit. Alle anderen Übergangsintensitäten sind 0. Dies bedeutet insbeson-dere, dass dieses Invaliditätsmodell die Reaktivierung nicht berücksichtigt ($\mu_{\diamond*} = 0$). Auf der anderen Seite ist es erwähnenswert, dass die Sterblich-keit der Invaliden derjenigen der Aktiven entspricht. Dies ist in der Realität nicht der Fall, da Invalide tendenziell früher sterben. Ein solches Modell führt somit zu einer zusätzlichen Marge für die Invalidenrenten.

Für viele versicherungsmathematische Formeln ist es nützlich, die Übergangs-wahrscheinlichkeiten p_{ij} zu kennen. Aus den Kolmogorovschen Differential-gleichungen kann man für den obigen Fall die folgenden Resultate finden:

$$
\begin{aligned}
p_{**}(x,y) &= \exp\left(-\int_x^y [\mu(\tau) + \sigma(\tau)]\,d\tau\right), \\
p_{*\diamond}(x,y) &= \exp\left(-\int_x^y \mu(\tau)d\tau\right) \times \left(1 - \exp\left(-\int_x^y \sigma(\tau)d\tau\right)\right), \\
p_{\diamond\diamond}(x,y) &= \exp\left(-\int_x^y \mu(\tau)d\tau\right).
\end{aligned}
$$

Für die obige Situation lauten die Kolmogorovschen Differentialgleichungen wie folgt:

$$\frac{d}{dt}p_{**}(s,t) = -p_{**}(s,t) \times (\mu(t) + \sigma(t)),$$

$$\frac{d}{dt}p_{*\diamond}(s,t) = -p_{*\diamond}(s,t)\,\mu(t) + p_{**}(s,t)\,\sigma(t),$$

$$\frac{d}{dt}p_{*\dagger}(s,t) = (p_{**}(s,t) + p_{*\diamond}(s,t)) \times \mu(t),$$

$$\frac{d}{dt}p_{\diamond *}(s,t) = 0,$$

$$\frac{d}{dt}p_{\diamond\diamond}(s,t) = -p_{\diamond\diamond}(s,t)\,\mu(t),$$

$$\frac{d}{dt}p_{\diamond\dagger}(s,t) = p_{\diamond\diamond}(s,t)\,\mu(t),$$

$$\frac{d}{dt}p_{\dagger\dagger}(s,t) = 0,$$

mit Randbedingungen $p_{ij}(s,s) = \delta_{ij}$. Es sei an dieser Stelle angemerkt, dass bei einer positiven Reaktivierungswahrscheinlichkeit die erste, zweite, vierte und fünfte Gleichung angepasst werden müssen. Man kann diese Differentialgleichungen natürlich auch numerisch lösen und erhält für das obige Beispiel die Werte gemäss Tabelle 2.1.

Tabelle 2.1. Übergangswahrscheinlichkeiten für das Invaliditätsmodell

Startalter	$x_0 = 30$
Methode zum Lösen	Runge-Kutta der Ordnung 4
Schrittweite	0.001

Alter x	$p_{**}(x_0, x)$	$p_{*\diamond}(x_0, x)$	$p_{*\dagger}(x_0, x)$	$p_{\diamond\diamond}(x_0, x)$	$p_{\diamond\dagger}(x_0, x)$
30.00	1.00000	0.00000	0.00000	1.00000	0.00000
35.00	0.98743	0.00354	0.00903	0.99097	0.00903
40.00	0.96998	0.00850	0.02152	0.97849	0.02152
45.00	0.94457	0.01620	0.03923	0.96077	0.03923
50.00	0.90624	0.02903	0.06474	0.93526	0.06474
55.00	0.84725	0.05106	0.10169	0.89831	0.10169
60.00	0.75677	0.08832	0.15491	0.84509	0.15491
65.00	0.62287	0.14700	0.23013	0.76987	0.23013

Übung 2.4.3. Lösen Sie das obige Differentialgleichungssystem:

1. Exakt.

2. Numerisch.

3. Der Zins

3.1 Einleitung

Ein wichtiger Teil eines jeden Lebensversicherungsvertrages ist der ihm zugrunde gelegte Zins. Der sogenannte technische Zins umschreibt die Zinsgarantie der Versicherungsgesellschaft gegenüber dem Kunden. Er wirkt sich massgebend auf die Prämienhöhe aus. Während ein zu niedriger Zins zu überhöhten Prämien führt, kann ein zu hoch gewählter Rechnungszins zum Konkurs des Versicherungsunternehmens führen.

Der Rechnungszins kann sowohl deterministisch als auch stochastisch modelliert werden. In letzterem Fall orientiert sich der Zins am Verhalten der Wertschriften am Geldmarkt. Im Folgenden wollen wir die massgebenden Grössen definieren und deren Zusammenhänge betrachten.

3.2 Definitionen

Beispiel 3.2.1. Wenn wir am ersten Januar ein Kapital von 10'000 Fr. (Schweizer Franken) auf die Bank bringen und am Ende des Jahres 10'500 Fr. auf dem Konto sind, so liegt dieser Berechnung ein Zinssatz von 5 % zugrunde.

Definition 3.2.2 (Zins). *Mit i bezeichnen wir den* jährlichen Zinssatz. *Wir nehmen im Folgenden stets an, dass er eine Funktion der Zeit ist; wir schreiben $i_t, t \geq 0$. Falls wir den Zins stochastisch modellieren, ist i ein stochastischer Prozess $(i_t(\omega))_{t \geq 0}$.*

Zur obigen Definition ist anzumerken, dass sie vor allem für das zeitdiskrete Modell günstig ist, weil wir hier die Zeitperiode betrachten, welche aus der Zeitdiskretisierung resultiert. Bei dem Verzinsen wird der Wert des Geldes in der Zukunft berechnet:

$$B_{t+1} = (1 + i_t) \times B_t.$$

M. Koller, *Stochastische Modelle in der Lebensversicherung*, 2nd ed., Springer-Lehrbuch, DOI 10.1007/978-3-642-11252-2_3,

Hierbei bezeichnet B_t den Wert des Bankkontos zur Zeit t. Vielfach ist man auch am umgekehrten Vorgang interessiert. Man definiert somit den Diskontierungsfaktor.

Definition 3.2.3 (Diskontierungsfaktor). *Sei i_t der Zinssatz im Jahr t. Dann ist*

$$v_t = \frac{1}{1 + i_t}$$

der Diskontierungsfaktor *im Jahr t.*

Mit dem Diskontierungsfaktor kann man den Barwert (heutiger Wert der zukünftigen Leistungen) berechnen. Die obigen Überlegungen führen bei dem stochastischen Zins zu folgendem Problem: Welches ist der heutige Wert von 1 Fr., welchen wir in einem Jahr erhalten werden? Grundsätzlich kann man folgende zwei Möglichkeiten in Betracht ziehen:

Bewertungsprinzip A: Wenn der Zinssatz i bekannt ist, entspricht der gesuchte Wert X

$$X = \frac{1}{1 + i}$$

und somit im Erwartungswert:

$$X_A = E\left[\frac{1}{1 + i}\right].$$

Bewertungsprinzip B: Wenn der Zins bekannt ist, entspricht der Wert am Ende des Jahres $X(1 + i)$, also

$$1 = E\left[X(1 + i)\right] = X \times E\left[1 + i\right]$$

und somit

$$X_B = \frac{1}{E\left[1 + i\right]}.$$

Das Problem besteht nun darin, dass X_A nicht gleich X_B ist. Man muss dieses Problem also durch ein Axiom lösen, welches die Bewertungskriterien der Verzinsung fixiert. Wir wollen den Wert eines zukünftigen Zahlungsstromes stets durch das Bewertungsprinzip A bestimmen. (Literatur: [Büh92]).

Nachdem wir dieses Paradoxon gelöst haben, wird auch deutlich, weshalb der Diskontierungsfaktor die bedeutendere Rolle spielt. Es ist auch klar, dass die oben genannte Fragestellung nicht nur in diskreter, sondern auch in stetiger Zeit auftritt. In stetiger Zeit nehmen wir an, dass auch die Verzinsung kontinuierlich erfolgt, so dass

$$B_{t+s} = \exp \left(\int_t^{t+s} \delta(\xi) d\xi \right) \times B_t$$

gilt.

Definition 3.2.4 (Zinsintensität). *Mit* $\delta(t)$ *bezeichnen wir die* Zinsintensität *zur Zeit* t.

Bei einem Jahreszins von i gilt:

$$e^\delta = 1 + i$$

und somit

$$\delta = \ln(1 + i).$$

In stetiger Zeit gilt für den Diskontierungsfaktor (von t nach 0)

$$v(t) = \exp \left(- \int_0^t \delta(\xi) \, d\xi \right).$$

Im Gegensatz zur diskreten Zeit modellieren wir hier den Diskontierungsfaktor von t nach 0. Es gilt der folgende Zusammenhang:

$$v_t = \exp \left(- \int_t^{t+1} \delta(\xi) \, d\xi \right).$$

Falls der Zins stochastisch modelliert wird, ist die Zinsintensität δ ein stochastischer Prozess $(\delta_t(\omega))_{t \geq 0}$. Auch in stetiger Zeit wollen wir das Bewertungsprinzip A anwenden.

3.3 Arten der Betrachtungsweise für den Zinsprozess

Um die Stochastik des Zinses darzustellen, wollen wir die Entwicklung der Durchschnittsrenditen von Staatsanleihen in Schweizer Franken betrachten. Abbildung 3.1 zeigt den Verlauf der Bundesobligationenrendite für die Jahre 1948 bis 2009.

Aus diesen Werten wird deutlich, dass der Wertschriftenertrag aus Obligationen während des Zeitraums beträchtlich schwankt. Die minimale Rendite von 1.93 % wurde 2005 erreicht. Das Maximum von 7.41 % wurde im Herbst 1974 während der "Ölkrise" registriert. Interessant hierbei ist, dass das entsprechende Minimum in der ersten Auflage des Buches 1954 mit etwa 2.5 % erreicht wurde. Niemand hätte zu dieser Zeit gedacht, dass die Zinsen in Schweizer Franken so tief fallen würden. Aus dieser Beobachtung heraus wird deutlich, welches Riskio den Zinsgarantien in Lebensversicherungspolicen inne wohnt.

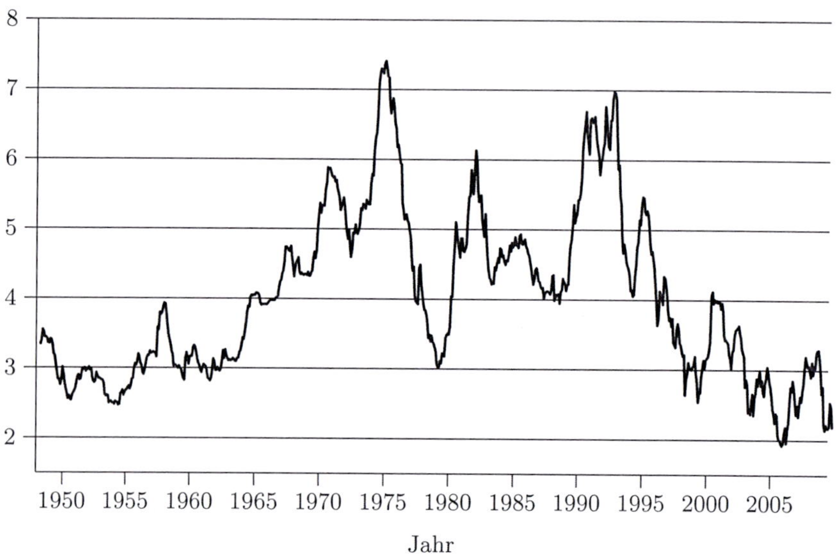

Abbildung 3.1. Durchschnittliche Bundesobligationenrenditen in %

Nach der Betrachtung dieser Werte stellt sich die Frage, wie bei der Bestimmung der anzuwendenden Zinssätze vorzugehen ist. Dies hängt vor allem auch vom Verwendungszweck des gewählten Modells ab. Hierbei muss zuerst unterschieden werden, ob es sich bei dem zur Anwendung gelangenden Modell um kurz- oder langfristige Verpflichtungen handelt oder ob z.B. der Zinssatz nur zu Offert- und Prognosezwecken verwendet werden soll. Man kann jedoch festhalten, dass es gefährlich sein kann, einen konstanten Zinssatz zu garantieren, welcher höher ist als das beobachtete Minimum, da es dann Perioden unbekannter Länge geben kann, in welchen der Ertrag auf den Aktiven nicht mehr zur Bedeckung der Verpflichtungen ausreicht. Dies bedeutet, dass bei der Wahl des technischen Zinssatzes vorsichtig vorgegangen werden muss.

Eine zweite Möglichkeit besteht darin, die sogenannte yield-curve (Ertragskurve) oder die forward-curve zu betrachten. Mit diesen Zinskurven kann man die Zinsstruktur messen. Man kann also mit Hilfe der yield-curve den Marktzins bestimmen, welchen man für Obligationenanlagen bei gegebener Anlagedauer erhalten kann. Abbildung 3.2 zeigt die yield-curve für verschiedene Währungen. Daraus wird deutlich, dass die Renditen von Obligationen mit kürzeren Laufzeiten zur Zeit kleiner sind als diejenigen mit längerer Laufzeit. Man spricht hier von einer "normalen" Zinsstruktur. Eine "inverse" Zinsstruktur liegt dann vor, wenn die Erträge für Obligationen mit kürzeren Laufzeiten höher sind als diejenigen mit längeren Laufzeiten.

Angesichts der Tatsache, dass diese Betrachtungsweise die Basis für eine marktnahe Bewertung liefert, werden wir in der Folge die sogenannten Zerocouponbonds definieren.

Definition 3.3.1 (Zerocouponbond). *Sei $t \in \mathbb{R}$ ein Zeitpunkt. Dann bezeichnen wir mit*

$$\mathcal{Z}_{(t)} = (\delta_{t,\tau})_{\tau \in \mathbb{R}^+}$$

den Zerocouponbond *mit Laufzeit t.*

Der Zerocouponbond ist somit eine Wertschrift, welche zum Zeitpunkt t den Betrag 1 auszahlt.

Definition 3.3.2 (Preis eines Zerocouponbonds). *Sei $t \in \mathbb{R}$ ein Zeitpunkt. Dann bezeichnen wir mit*

$$\pi_t \left(\mathcal{Z}_{(s)} \right)$$

den Preis *eines Zerocouponbonds $\mathcal{Z}_{(s)}$ zum Zeitpunkt t mit Laufzeit s.*

Aus diesen Kurven können nun die Forward Rates, d.h. die Zinssätze vom Jahr $n \rightsquigarrow n+1$ berechnet werden, welche heute mit der entsprechenden Anlage erreicht werden können, indem wir

$$(1 + i_k) = \frac{\pi_t \left(\mathcal{Z}_{(k)} \right)}{\pi_t \left(\mathcal{Z}_{(k+1)} \right)}$$

setzen. Die Grösse i_k nennt man Forward Rate zum Zeitpunkt t für das Zeitintervall $[k, k+1[$. Dies ist der Zins, welcher man in diesem Zeitintervall *aus heutiger Sicht* erhält. Für den den Diskontierungsfaktor erhalten wir somit:

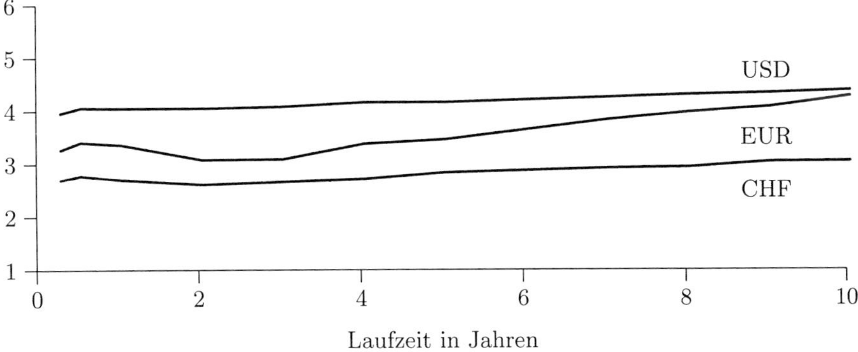

Abbildung 3.2. Yield-Curves 1.1.2008

$$v_k = \frac{\pi_t\left(\mathcal{Z}_{(k+1)}\right)}{\pi_t\left(\mathcal{Z}_{(k)}\right)}.$$

Man kann also einen sich in der Zeit ändernden technischen Zinssatz wählen und aufgrund der Verpflichtungsstruktur die im Erwartungswert benötigten Titel unterlegen. Eine solche Vorgehensweise ist besonders für relativ kurzfristige Verpflichtungen mit gut abschätzbaren Zahlungsströmen günstig. Als Beispiel kann man die Übernahme eines Rentnerportefeuilles betrachten. Hier geht es darum, einen Bestand von laufenden Altersrentnern einer Pensionskasse zu übernehmen. Das oben geschilderte Vorgehen führt dazu, dass man sich bei der Zinsgarantie einem kleineren Risiko aussetzt.

Die dritte Möglichkeit, den Zins für Lebensversicherungsprodukte festzulegen, besteht darin, ein stochastisches Zinsmodell zu betrachten. Dies ist sowohl aus praktischen, als auch aus theoretischen Gründen interessant. Auf der Seite der Anwendung stehen hier fondsgebundene Produkte mit Garantien im Vordergrund. Zudem können so Modelle gefunden werden, mit welchen die Risikoexposition eines Lebensversicherungsportefeuilles gegenüber Zinsänderung (s. Kap. 9) gemessen werden kann. Es zeigt sich hierbei, dass das systematische Risiko mit zunehmender Policenanzahl, im Gegensatz zum deterministischen Zins, nicht gegen Null konvergiert. Dies bedeutet, dass das Zinsrisiko für den Versicherer eine systematische, also gefährliche Komponente enthält. Um solche Modelle konstruieren zu können, ist es nötig, die Anlageerträge zu analysieren. Abbildung 3.3 zeigt die Wertentwicklung von 2 Indizes. Solche Grössen messen den Wert einer Kategorie von Anlagen. In Abbildung 3.3 werden die folgenden Indizes betrachtet:

SPI   Swiss Performance Index: Aktien Schweiz
SWISBGB   Bundesobligationen Schweiz

Bei der Betrachtung der Wertentwicklung (Abbildung 3.3) zeigt sich sehr schön der Unterschied zwischen Aktien- und Obligationenanlagen. Erstere haben eine höhere erwartete Rendite bei gleichzeitig signifikant erhöhter Volatilität (Varianz).

Um nun ein Modell mit stochastischem Zins anwenden zu können, ist es nötig Prozesse wie in Abbildungen 3.1, 3.2 und 3.3 zu modellieren. Das eigentliche Problem bei diesen Modellen besteht darin, dass es hierfür noch keinen generell akzeptierten Standard gibt. Es liegt also im Verantwortungsbereich des Aktuars, das an eine Problemstellung angepasste Modell zu wählen.

Im folgenden Abschnitt wollen wir einige heute gebräuchliche Modelle betrachten. Für die Vertiefung des Wissens über den Kapitalmarkt im Allgemeinen und Zinsmodelle im Besonderen empfiehlt sich z.B. das Studium von [Hul97].

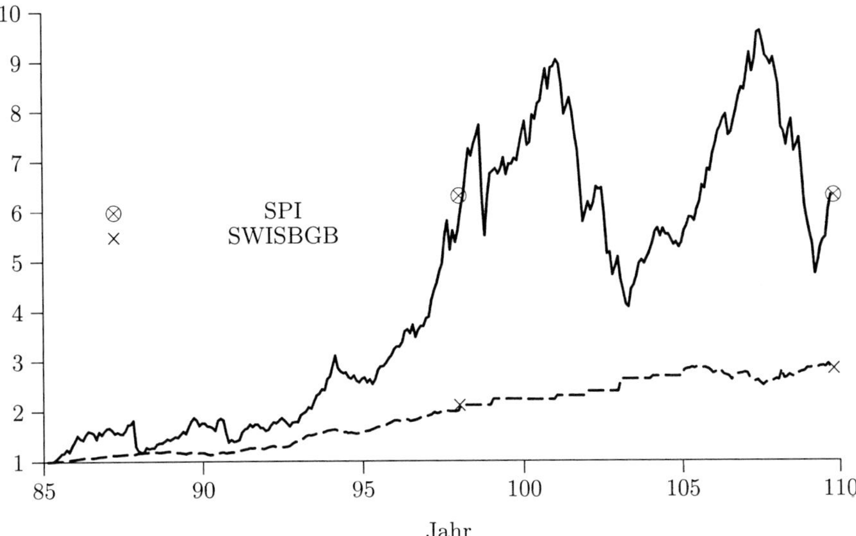

Abbildung 3.3. Indices für verschiedene Anlagen

3.4 Der Zins als stochastische Variable

Im vorangegangenen Abschnitt haben wir gesehen, dass es verschiedene Bewertungskriterien für den Wert eines Zahlungsstromes gibt und dass wir die Zinsintensität durch einen stochastischen Prozess modellieren können. In diesem Abschnitt wollen wir die verschiedenen Möglichkeiten erläutern.

An dieser Stelle ist es notwendig, den Unterschied zwischen der Stochastik des Zinses und derjenigen der Todesfallrisiken darzustellen. Eine Lebensversicherungsgesellschaft ist sowohl dem Risiko von schwankenden Wertschriftenanlagen als auch dem Risiko von schwankenden Todesfallleistungen ausgesetzt. Während schwankende Wertschriftenerträge alle Policen in gleichem Masse betreffen, wird das Schwankungsrisiko für das Todesfallrisiko bei zunehmendem Policenbestand, bedingt durch die Unabhängigkeit der Todesfälle und das Gesetz der grossen Zahlen, stets kleiner.

Wir wollen nun einige dieser Modelle im Sinne einer Übersicht kurz darstellen, ohne sie zu bewerten. Hierbei ist anzumerken, dass bestimmte Modelle, wie z.B. das Random-Walk-Modell, für die Beschreibung eines Zinsprozesses eher ungeeignet sind.

3.4.1 Diskrete Zinsmodelle

Random Walk: Für $\mu \in \mathbb{R}_+$ und $t \geq 0$ definiere den Zinssatz i_t durch

$$\begin{aligned}
i_t &= \mu + X_t, \mu \in \mathbb{R}, \\
X_t &= X_{t-1} + Y_t, \\
Y_t &\sim \mathcal{N}(0, \sigma^2) \text{ i.i.d.}
\end{aligned}$$

Dieses Modell ist jedoch zu einfach um die Realität modellieren zu können.

AR(1)-Modell: Bei diesem Modell folgt der Zins einem Autoregressiven Prozess erster Ordung:

$$\begin{aligned}
i_t &= \mu + X_t, \\
X_t &= \phi X_{t-1} + Y_t, \text{ mit } |\phi| < 1, \\
Y_t &\sim \mathcal{N}(0, \sigma^2).
\end{aligned}$$

Dieses Modell wird vor allem von Aktuaren in England verwendet. Die Idee besteht hier darin, in einem ersten Schritt die Inflation durch einen AR(1)-Prozess zu modellieren, um anschliessend alle anderen wirtschaftlichen Grössen davon abzuleiten. Dies führt dazu, dass solche Modelle schliesslich sehr viele Parameter besitzen und schwer anzupassen sind. Literatur: [BP80] [Wil86] [Wil95].

3.4.2 Stetige Zinsmodelle

Brownsche Bewegung: $\delta_t = \delta + \sigma W_t$, wobei W_t eine standardisierte Brownsche Bewegung bezeichnet.

Vasiček-Modell: Die Zinsintensität ist durch die stochastische Differentialgleichung

$$d\delta_t = -\alpha(\delta_t - \delta)\,dt + \sigma\,dW_t$$

gegeben. Literatur: [Vas77].

Cox-Ingersoll-Ross: Die Zinsintensität ist durch die stochastische Differentialgleichung

$$d\delta_t = -\alpha(\delta_t - \delta)\,dt + \sigma\sqrt{\delta_t}\,dW_t$$

gegeben. Literatur: [CIR85].

Markovsche Zinsintensitäten: Bei diesem Modell ([Nor95b]) ist eine Markovkette $(X_t)_{t \geq 0}$ auf einem endlichen Zustandsraum gegeben, ferner deterministische Funktionen $\delta_j(t)$ für $j \in S$. Die Zinsintensität ist gegeben durch

$$\delta_t = \sum_{j \in S} \chi_{\{X_t = j\}} \delta_j(t).$$

Dies bedeutet, dass je nach Zustand zur Zeit t diejenige deterministische Funktion als Zinsintensität gewählt wird, welche diesem Zustand zugeordnet ist. Das Modell zeichnet sich dadurch aus, dass es sich sehr gut in das Markovmodell integrieren lässt und dass es bedingt durch die Wahl des Zustandsraumes sehr flexibel ist. Dies ist auch ein Grund, weshalb wir uns im Folgenden auf dieses Modell konzentrieren wollen.

Zu dem Vasiček-Modell und zu dem CIR-Modell ist anzumerken, dass sich diese Modelle durch eine sogenannte Mean-reversion auszeichnen. Dies bedeutet, dass die Zinsen ohne Störungsterm (dW) langfristig gegen den mittleren Zins δ konvergieren. Die Differentialgleichung ohne stochastischen Störungsterm lautet

$$d\delta_t = -\alpha\left(\delta_t - \delta\right)dt$$

und besitzt

$$\delta_t = \gamma \times \exp(-\alpha\, t) + \delta$$

als Lösung. Bei dem Vasiček- und bei dem Cox-Ingersoll-Ross-Modell handelt es sich um Modelle, welche oft für die Modellierung von Zinsprozessen verwendet werden. Wir werden diese Modelle wieder in Kapitel 9 betrachten.

Ein Grund dafür, weshalb die Brown'sche Bewegung und das Vasiček-Modell problematisch sind, besteht darin, dass hier negative Zinsen mit positiver Wahrscheinlichkeit vorkommen konnen. Dies kann bei dem Cox-Ingersoll-Ross-Modell durch geeignete Parameterwahl vermieden werden.

Bei den stochastischen Differentialgleichungen wird vorausgesetzt, dass diese eine Lösung besitzen.

Wie wir oben gesehen haben, gibt es verschiedene Modelle, welche sich auch von ihrer Idee her grundlegend unterscheiden können. Zusätzlich zum Modellwahlrisiko gibt es jedoch bezüglich des Zinses auch andere systematische Risiken, welche nicht vernachlässigt werden dürfen:

Der Zins, welcher auf Geldanlagen gewährt wird, hängt nicht nur vom Zufall ab, sondern auch von politischen Entscheidungen. Wir denken hier z.B. an eine Währungsunion, welche zwangsläufig zu einer Konvergenz der Zinsen führt, da nach ihrem Zustandekommen nur noch eine Währung mit einem (stochastischen) Zins existiert (Bsp.: Einführung des Euro).

4. Zahlungsströme und das Deckungskapital

4.1 Einleitung und Fragestellung

Nachdem wir in den beiden vorangegangenen Kapiteln die einzelnen Versicherungstypen und deren Verpflichtungsstruktur behandelt haben, ist es nun an der Zeit, verschiedene Fragen zu beantworten.

An vorderster Stelle steht hierbei die Frage nach dem zu verwendenden allgemeinen Modell. Weiterhin müssen Fragen nach dem Wert und dem Preis einer Versicherung beantwortet werden.

Die Frage nach dem Wert einer Versicherung, dem sogenannten *Deckungskapital*, stellt sich für eine Versicherungsgesellschaft bei jedem Jahresabschluss, da sie verpflichtet ist, diesen Wert zu reservieren. Das Deckungskapital ist auch für den Versicherungsnehmer von Interesse, wenn er vorzeitig von seinem Vertrag zurücktreten will.

Im folgenden Kapitel werden wir das Versicherungsmodell, welches wir in Kapitel 1 definiert haben, mit den stochastischen Modellen von Kapitel 2 kombinieren. Man kann natürlich auch andere stochastische Prozesse als Markovketten mit abzählbarem Zustandsraum betrachten. Der Grund, weshalb wir Markovketten betrachten, besteht darin, dass sie einerseits allgemein genung sind, um damit viele Effekte modellieren zu können. Auf der anderen Seite bleiben die Formeln einfach genug, so dass konkrete Berechnungen durchgeführt werden können.

4.2 Beispiele

In diesem Abschnitt wollen wir das Versicherungsmodell mit Markovketten anhand von Beispielen motivieren:

Beispiel 4.2.1 (Gemischte Versicherung). Bei einer Gemischten Versicherung werden normalerweise die Zustände "tot" und "lebend" betrachtet. Wir wählen für die Verpflichtungen und den stochastischen Prozess den Zustandsraum $S = \{*, \dagger\}$. Hierbei bedeutet $*$ "lebend" und $\dagger$ "tot". Ausgehend

M. Koller, *Stochastische Modelle in der Lebensversicherung*, 2nd ed.,
Springer-Lehrbuch, DOI 10.1007/978-3-642-11252-2_4,

von den Leistungsversprechen in Kapitel 1, ist es nötig, den stochastischen Prozess zu modellieren. Hierzu verwenden wir das entsprechende Beispiel aus Kapitel 2. Eine typische Trajektorie des stochastischen Prozesses hat die Form von Abbildung 4.1. Wir sehen, dass im Moment des Todes (hier also

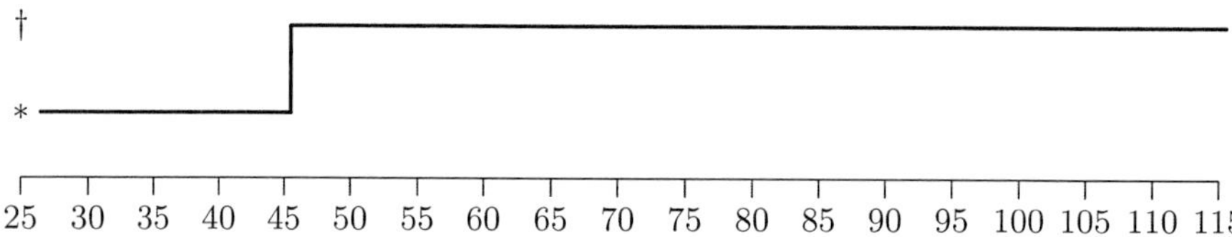

Abbildung 4.1. Trajektorie einer Todesfallversicherung

mit x = 45) die entsprechende Todesfallsumme, also 200'000 Fr., fällig wird. Die Sterbedichte beträgt in jenem Moment:

$$\mu_{*\dagger}(x)\big|_{x=45} = \exp(-9.13275 + 0.08094x - 0.000011x^2)\big|_{x=45}$$
$$= 0.00404.$$

Dies bedeutet, dass von 1000 45jährigen Männern pro Jahr im Durchschnitt etwa 4 sterben.

Für das obige Beispiel haben wir bis zu diesem Zeitpunkt noch keine Prämien berechnen können. Wir sehen jedoch das Zusammenspiel zwischen dem stochastischen Prozess und den Verpflichtungen.

Beispiel 4.2.2 (Temporäre Invalidenrente). Bei diesem Beispiel wollen wir eine Invalidenrente betrachten, welche sich gemäss der Trajektorie von Abbildung 4.2 bewegt und uns vor Augen halten, welche Zahlungsströme durch diesen Verlauf ausgelöst werden. Die Übergangsintensitäten entsprechen Beispiel 2.4.2, mit der zusätzlichen Annahme, dass $\mu_{\diamond *}(x) = 0.05$. Wenn sich nun die Trajektorie des stochastischen Prozesses gemäss Abbildung 4.2 bewegt, werden die in Tabelle 4.1 dargestellten Geldströme ausgelöst.

4.3 Grunddaten

Zur Lösung der gestellten Probleme und insbesondere zur Berechnung der Prämien und Deckungskapitalien ist es nötig, die zugrunde liegenden Wahrscheinlichkeiten zu kennen. In der Praxis können die relevanten Wahrscheinlichkeiten in verschiedenen Tafeln nachgeschlagen werden. Es handelt sich um

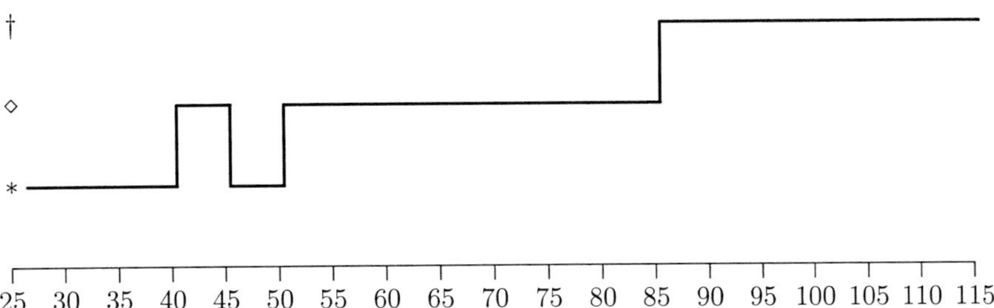

Abbildung 4.2. Trajektorie einer Invalidenrente

Tabelle 4.1. Beispiel von Zahlungsströmen anhand einer Invaliditätsversicherung

Zeit	Zustand	Geldstrom	μ
$x \in [0, 40[$	aktiv ($*$)	Prämienzahlung	
$x = 40$	wird invalid	Invaliditätskapital	$\mu_{*\diamond} = 0.00214$
$x \in \,]40, 45[$	invalid ($\diamond$)	Invalidenrente	
$x = 45$	reaktiviert	—	$\mu_{\diamond*} = 0.05000$
$x \in [45, 50[$	aktiv ($*$)	Prämienzahlung	
$x = 50$	wird invalid	ev. Invaliditätskapital	$\mu_{*\diamond} = 0.00387$
$x \in \,]50, 85[$	invalid ($\diamond$)	Invalidenrente	
ab 65		Altersrente	
$x = 85$	stirbt	Todesfallkapital	$\mu_{\diamond\dagger} = 0.12932$

Bücher, in welchen die relevanten Ausscheidewahrscheinlichkeiten, wie z.B. die Wahrscheinlichkeit, in einem Jahr zu sterben, tabelliert sind.

Bei den Tafeln der Versicherungsgesellschaften ist es üblich, Margen in die Wahrscheinlichkeiten einzubauen. So erhöht man z.B. die Sterbewahrscheinlichkeit bei den Todesfallversicherungen. Im Gegensatz dazu werden bei Altersrenten die Überlebenswahrscheinlichkeiten erhöht. Diese Margen dienen in erster Linie zur Erhöhung der Sicherheit und zum Auffangen einer möglichen Veränderung der demographischen Grössen. Die Notwendigkeit, Margen in die Sterbetafeln einzubauen, wird an folgendem Beispiel deutlich, welches die zukünftigen Lebenserwartungen getrennt nach Generationen darstellt. In Tabellen 4.2 und 4.3 sind die mittleren Lebenserwartungen nach Schweizer Volkssterbetafeln aufgelistet. Hierbei handelt es sich um diejenige Zeitspanne, welche eine Person im Mittel noch zu leben hat. Diese Zahlen zeigen deutlich, dass die Lebenserwartung in den letzten 100 Jahren stark zugenommen hat, was den Bedarf nach solchen Margen unterstreicht. Die Situation in anderen Ländern Europas zeigt eine analoge Entwicklung.

Wir sehen, dass die demographischen Grössen, wie die Sterbewahrscheinlichkeiten, einer stetigen Veränderung unterliegen. Doch wie werden diese Daten überhaupt erhoben und wie entstehen die Sterbetafeln?

Tabelle 4.2. Zukünftige mittlere Lebenserwartung nach Schweizer Volkssterbetafeln (Männer)

Alter	1881-88	1921-30	1939-44	1958-63	1978-83	1988-93	1998-03
1	51.8	61.3	64.8	69.4	72.1	73.8	76.6
20	39.6	45.2	47.9	51.5	53.8	55.3	58.0
40	25.1	28.3	30.4	32.8	35.1	36.8	39.0
60	12.4	13.8	14.8	16.2	17.9	19.3	21.1
75	5.6	6.2	6.6	7.5	8.5	9.2	10.3

Tabelle 4.3. Zukünftige mittlere Lebenserwartung nach Schweizer Volkssterbetafeln (Frauen)

Alter	1881-88	1921-30	1939-44	1958-63	1978-83	1988-93	1998-03
1	52.8	63.8	68.5	74.5	78.6	80.5	82.2
20	41.0	47.6	51.3	56.2	60.1	61.8	63.4
40	26.7	30.9	33.4	37.0	40.7	42.5	43.8
60	12.7	15.1	16.7	19.2	22.4	24.0	25.2
75	5.7	6.7	7.4	8.6	10.7	11.9	12.8

Die Daten für die Sterbetafeln stammen entweder aus den eigenen Beobachtungen einer Versicherungsgesellschaft oder aber aus einer Gemeinschaftsstatistik von Versicherern. Bei den Sterbewahrscheinlichkeiten werden hierzu über einen bestimmten Zeitraum hinweg (z.B. fünf Jahre) die Anzahl Personen unter Risiko und die gestorbenen Personen gezählt. Die Zahlen des folgenden Beispiels stammen von einer grossen Schweizer Lebensversicherungsgesellschaft [PT93]. Abbildung 4.3 zeigt auf der einen Seite den beobachteten Bestand pro Alter und andererseits die Anzahl der Toten. Abbildung 4.4 zeigt sowohl die rohe als auch die angepasste Sterblichkeit.

Die angepasste Sterblichkeit ist die geglättete rohe Sterblichkeit. Sie wird durch ein geeignetes Ausgleichsverfahren berechnet. Auf die Behandlung der verschiedenen Ausgleichsverfahren soll an dieser Stelle nicht eingegangen werden, doch gibt es hierzu viele verschiedene Möglichkeiten, die sich in ihrer Komplexität stark unterscheiden.

Bei Betrachtung der rohen Werte ist z.B. der Unfallbuckel (d.h. die erhöhte Sterblichkeit) zwischen 15 und 25 Jahren zu bemerken, welcher aber durch die geglättete Kurve nicht nachvollzogen wird. Dies bedeutet für die Tarifierung jedoch auch, dass hier die geglättete Kurve angepasst werden müsste.

Bei dem obigen Beispiel wurde ein Polynom zweiter Ordnung an $\log(\mu_{*\dagger})$ angepasst:

$$\mu_{*\dagger}(x) = \exp(-7.85785 + 0.01538 \cdot x + 5.77355 \cdot 10^{-4} \cdot x^2).$$

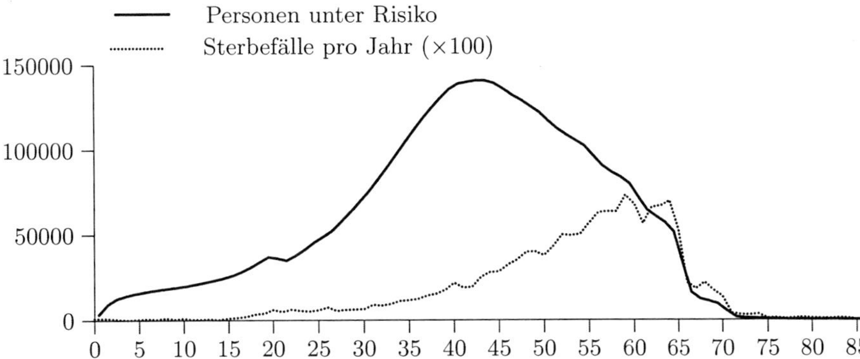

Abbildung 4.3. Bestand und Tote

Analog verfährt man mit den anderen für die Tarifierung relevanten demographischen Grössen: Man glättet die erhobenen Rohdaten mit einem entsprechenden Verfahren und erzeugt so die geglätteten Werte.

Um die üblichen Leistungsversprechen tarifieren zu können, werden die verschiedenen Grundwahrscheinlichkeiten und biometrischen Grössen zu einem Tarifgebäude zusammengefasst. Tabelle 4.4 zeigt diese Grössen.

Tabelle 4.4. Typische Grössen eines Tarifgebäudes

Grösse	Bedeutung
q_x	Sterbewahrscheinlichkeit, evtl. getrennt nach Unfall und Krankheit,
i_x	Invalidierungswahrscheinlichkeit, evtl. getrennt nach Unfall und Krankheit,
r_x	Reaktivierungswahrscheinlichkeit, evtl. abgestuft nach Invaliditätsdauer,
g_x	Mittlerer Invaliditätsgrad,
h_x	Wahrscheinlichkeit, beim Tod verheiratet zu sein,
y_x	Durchschnittsalter des überlebenden Ehegatten beim Tod des Versicherungsnehmers.

Weitergehende Informationen zur Erstellung von Sterbe- und Pflegeversicherungstafeln für den Deutschen Markt und Europa finden sich in den Artikeln [DAV09].

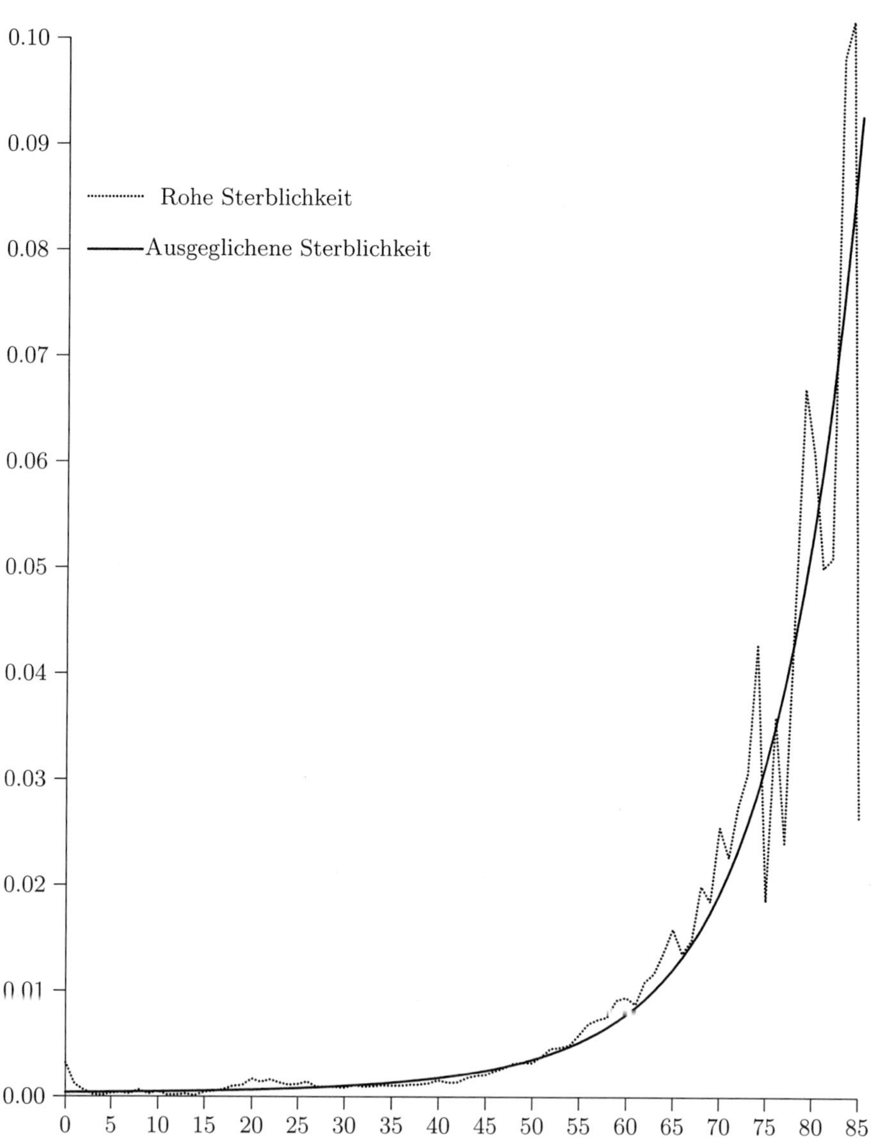

Abbildung 4.4. Sterblichkeit Mann

4.4 Deterministische Zahlungsströme

Definition 4.4.1 (Auszahlungsfunktion). *Unter einer* deterministischen Auszahlungsfunktion *A* *verstehen wir eine Funktion*

$$A : T \to \mathbb{R}, t \mapsto A(t),$$

welche die folgenden Eigenschaften besitzt, mit $T \subset \mathbb{R}$:

1. *A ist rechtsstetig,*

2. *A ist von beschränkter Variation.*

Wir interpretieren $A(t)$ als die bis zum Zeitpunkt t ausbezahlte Geldmenge. Die leistungsdefinierenden Funktionen bezüglich den Verpflichtungen sind Auszahlungsfunktionen.

Beispiel 4.4.2 (Invalidität). Wir wollen für das Beispiel 4.2.2 den totalen Auszahlungsstrom berechnen. Wir setzen hierbei voraus, dass einerseits keine Wartefrist existiert und andererseits die Invalidenrente pro Jahr 20'000 Fr. beträgt (zahlbar bis 65), bei einer Prämie von 2'500 Fr. pro Jahr bis 65. Zudem nehmen wir an, dass die Versicherung im Alter $x_0 = 25$ abgeschlossen wurde. Abbildung 4.5 zeigt den Verlauf der totalen Auszahlungsfunktion für diesen Fall.

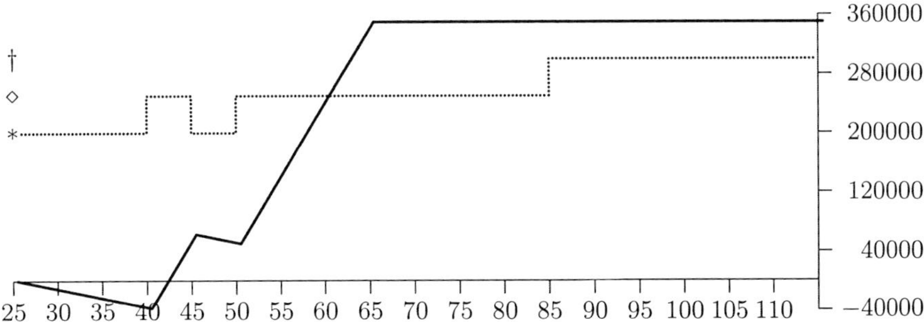

Abbildung 4.5. Kumulative Auszahlung einer Invalidenrente

Übung 4.4.3. Leiten Sie die totale Auszahlungsfunktion für Beispiel 4.4.2 her.

Bemerkung 4.4.4 (Funktionen mit beschränkter Variation). Die folgenden Eigenschaften können für Funktionen mit beschränkter Variation bewiesen werden [DS57]:

1. Zu einer Funktion A mit beschränkter Variation gibt es eine Fortsetzung der Funktion zu einem Mass (in unserem Fall ein Zahlungsmass) auf $\sigma(\mathbb{R})$, welches wir auch mit A bezeichnen. Dieses Mass nennt man *Stieltjes Mass.*

2. Für eine Funktion A auf $\mathbb{R}$ mit beschränkter Variation gibt es zwei positive, wachsende und endliche Funktionen mit disjunktem Träger mit $A = B - C$. In Hinsicht auf unser Versicherungsmodell können wir B als Zustrom und C als Abfluss von Geldern interpretieren. Die obige Zerlegung kann in eindeutiger Weise geschehen, wenn zusätzlich verlangt wird, dass die zugeordneten Masse disjunkten Träger haben. (Übung: Berechnen Sie B und C für Beispiel 4.4.2.)

3. Das Mass A einer jeden Funktion mit beschränkter Variation auf $\mathbb{R}$ lässt sich in eindeutiger Weise in zwei Masse μ und ψ zerlegen, wobei μ diskret und ψ stetig ist. Der stetige Anteil des Masses lässt sich weiter zerlegen in einen bezüglich des Lebesguemasses absolut stetigen Teil und einen Rest. Da A auf beschränkten Mengen endlich ist, kann gefolgert werden, dass der Träger von μ abzählbar ist.

4. Falls A eine Funktion von beschränkter Variation ist und $T \in \sigma(\mathbb{R})$, ist auch $A \times \chi_T$ eine Funktion von beschränkter Variation. (Bei der Funktion χ_T handelt es sich um die Indikatorfunktion aus Definition 2.1.2.)

Da eine Auszahlungsfunktion nichts anderes ist als eine Funktion von beschränkter Variation, gelten die obigen Eigenschaften auch für diese Klasse von Funktionen. Angesichts der Nützlichkeit der Zerlegung der Stieltjes Masse verwenden wir die folgenden Notationen:

Definition 4.4.5 (Zerlegung von Massen). *Sei f eine Funktion von beschränkter Variation und bezeichnen wir mit A das zugehörige Stieltjes Mass. In diesem Falle definieren wir:*

$$\mu_f := A.$$

Da die Zerlegung dieses Masses in eindeutiger Weise in $A = B - C$ (mit B und C positiv und disjunktem Träger) erfolgen kann, definieren wir:

$$A^+ := B,$$
$$A^- := C.$$

Da ein Stieltjes Mass in eindeutiger Weise in $A = D + E$ zerlegt werden kann, wobei D diskret und E stetig ist, definieren wir:

$$A^{atom} := D,$$
$$A^{cont} := E.$$

Zudem bezeichnen wir für ein bezüglich des Lebesguemasses λ absolut stetiges Mass μ, mit $\frac{d\mu}{d\lambda}$ die Radon-Nikodym-Dichte von μ bezüglich λ.

Nachdem wir die wichtigsten Eigenschaften der deterministischen Geldströme gesehen haben, können wir nun deren Wert definieren. Hierzu verwenden wir die Diskontierungsfunktionen. Wir erinnern uns daran, dass der totale Diskont als

$$v(t) \;=\; \exp\!\left(-\int_0^t \delta(\tau)\,d\tau\right)$$

definiert ist. Mit Hilfe der Diskontierungsfunktion ist es nun möglich, den Barwert von Geldströmen zu definieren:

Definition 4.4.6 (Wert eines Zahlungsstroms). *Sei A ein deterministischer Zahlungsstrom und $t \in \mathbb{R}$. Dann definieren wir:*

1. Der Wert des Zahlungsstromes A zur Zeit t ist durch

$$V(t, A) := \frac{1}{v(t)} \int_0^\infty v(\tau)\,dA(\tau)$$

definiert.

2. Der Wert des zukünftigen Zahlungsstroms ist durch

$$V^+(t, A) := V(t, A \times \chi_{]t,\infty]})$$

definiert. Er wird auch prospektiver Wert des Geldstroms *oder prospektive Reserve* genannt.

Zur obigen Definition sind die folgenden Dinge anzumerken:

Bemerkung 4.4.7. 1. Die Idee der Reserve besteht darin, den Barwert (d.h. den heutigen Wert der zukünftigen Zahlungen) zu berechnen. Dies bedeutet, dass eine Zahlung ζ, welche in 2 Jahren fällig wird, mit einem Beitrag von $v(2) \times \zeta$ in den Barwert eingeht. Die Reserven werden in einem ersten Schritt für deterministische Zahlungen definiert. Für zufällige Zahlungen wird der entsprechende bedingte Erwartungswert als Definition verwendet.

2. Bei der obigen Definition wird implizit angenommen, dass $v(t)$ bezüglich des Masses A integrierbar, also $v \in L^1(A)$, ist.

3. Da $A = A^{\text{atom}} + A^{\text{cont}}$ ist, gilt ebenfalls die Gleichung $V(t, A) = V(t, A^{\text{atom}}) + V(t, A^{\text{cont}})$. Diese Zerlegung gibt uns die Möglichkeit, die Beweise getrennt für ein diskretes und ein stetiges Mass zu führen.

Beispiel 4.4.8. Wir wollen $V^+(t, A)$ für den in Beispiel 4.4.2 definierten Zahlungsstrom berechnen, wobei wir $\delta(\tau) = \log(1.04)$ wählen. In einem ersten Schritt müssen A^+ und A^- berechnet werden:

$$
\begin{aligned}
dA^+ &= 20000\,(\chi_{[40,45[} + \chi_{[50,65[})d\tau, \\
dA^- &= 2500\,(\chi_{[25,40[} + \chi_{[45,50[})d\tau.
\end{aligned}
$$

Somit ist nun für $t \in [25, 65[$

$$
\begin{aligned}
V^+(t, A) \;=\;& 20000 \int_t^{65} (1.04)^{-(\tau - t)}\,(\chi_{[40,45[} + \chi_{[50,65[})d\tau \\
&-2500 \int_t^{65} (1.04)^{-(\tau - t)}\,(\chi_{[25,40[} + \chi_{[45,50[})d\tau.
\end{aligned}
$$

4.5 Zufällige Zahlungsströme

Definition 4.5.1 (Zufälliger Zahlungsstrom). *Ein* zufälliger Zahlungsstrom *oder ein* stochastischer Prozess mit endlicher Variation *ist ein stochastischer Prozess* $(X_t)_{t \in T}$, *für welchen fast alle Pfade Funktionen von endlicher Variation sind.*

Betrachten wir nun einen stochastischen Prozess A mit endlicher Variation und ein fixiertes $\omega \in \Omega$ mit $t \mapsto A_t(\omega)$ rechtsstetig und wachsend. Für eine beschränkte Borelfunktion f können wir nun das Integral $\int f(\tau)d\mu_{A_\cdot(\omega)}(\tau)$ bilden. Analog ist es möglich, für eine beschränkte Funktion $F_t = f(t, \omega)$, welche bezüglich der Produktsigmaalgebra messbar ist, P-fast-überall das Integral $\int f(\tau, \omega)d\mu_{A_\cdot(\omega)}(\tau)$ zu definieren. Die Konstruktion dieses Integrals kann auf stochastische Prozesse mit beschränkter Variation ausgedehnt werden, indem man die Zerlegung der Funktionen mit beschränkter Variation in ihren positiven Teil und ihren negativen Teil betrachtet.

Definition 4.5.2. *Für einen stochastischen Prozess* $(A_t)_{t \in T}$ *auf* $(\Omega, \mathcal{A}, P)$ *mit endlicher Variation und eine produktmessbare, beschränkte Funktion* $F :$ *$\mathbb{R} \times \Omega \to \mathbb{R}$ definieren wir wie oben beschrieben:*

$$
(F \cdot A)_t(\omega) = \int_0^t F(\tau, \omega)dA\tau(\omega) = \int_0^t F\,dA.
$$

Symbolisch schreiben wir denselben Sachverhalt auch in Differentialschreibweise wie folgt:

$$
d(F \cdot A) = F\,dA.
$$

Mit diesen Definitionen ist es möglich, die zufälligen Zahlungsströme unseres Lebensversicherungsmodells exakt zu definieren:

Definition 4.5.3 (Lebensversicherungszahlungsströme). *Wir betrachten eine Lebensversicherung über dem Zustandsraum S mit Auszahlungsfunktionen $a_{ij}(t)$ und $a_i(t)$[1]. Mit Hilfe von Definition 2.1.8 können wir die der Lebensversicherung zugeordneten zufälligen Zahlungsströme wie folgt definieren:*

$$
\begin{aligned}
dA_{ij}(t,\omega) &= a_{ij}(t)\, dN_{ij}(t,\omega), \\
dA_i(t,\omega) &= I_i(t,\omega)\, da_i(t), \\
dA &= \sum_{i \in S} dA_i + \sum_{(i,j) \in S \times S,\, i \neq j} dA_{ij}.
\end{aligned}
$$

Bei der Grösse $A_{ij}(t,\omega)$ handelt es sich um den kumulativen, zufälligen Teilzahlungsstrom, welcher durch Kapitalzahlungen vom Zustand i nach Zustand j bis zum Zeitpunkt t induziert wird. Analog entspricht $A_i(t,\omega)$ dem kumulativen, zufälligen Teilzahlungsstrom, welcher durch die Renten im Zustand i bis zum Zeitpunkt t induziert wird.

Bemerkung 4.5.4. 1. Die Grösse $dA_{ij}(t,\omega)$ entspricht dem Zuwachs der Verpflichtungen durch den Zustandübergang $i \rightsquigarrow j$. $A_{ij}(t,\omega)$ erhöht sich somit um den versicherten Betrag $a_{ij}(t)$, sofern zu dieser Zeit ein Zustandsübergang $i \rightsquigarrow j$ stattfindet, d.h. $N_{ij}(t)$ sich um 1 erhöht. Analog entspricht $dA_i(t)$ dem Zuwachs der Verpflichtungen durch die Versicherten im Zustand i.

2. Die obigen Integrale sind wohldefiniert, da die entsprechenden Prozesse per Definition von beschränkter Variation sind. Zudem erfüllen auch die Verpflichtungsfunktionen die nötigen Regularitätsbedingungen.

3. Da die Produktmessbarkeit von F vorausgesetzt wurde, bleiben auch die Grössen $(F \cdot A)_t$ für jedes t messbar, so dass insbesondere der Erwartungswert $E[(F \cdot A)_t]$ gebildet werden kann. Analog können auch die bedingten Erwartungswerte $E[(F \cdot A)_t \,|\, \mathcal{F}_s]$ gebildet werden.

4. Definition 4.4.6 (Wert eines Zahlungsstroms) kann somit punktweise (d.h. für jede Realisierung) auf zufällige Zahlungsströme angewendet werden. Dies bedeutet, dass

$$
\begin{aligned}
dV(t,A) &= v(t)\, dA(t) \\
&= v(t) \left[\sum_{i \in S} I_i(t) da_i(t) + \sum_{(i,j) \in S \times S,\, i \neq j} a_{ij}(t) dN_{ij}(t). \right]
\end{aligned}
$$

5. Für das diskrete Markovmodell der Lebensversicherung werden innerhalb des Zeitintervalls $[t, t+1[$ zwei Zahlungen fällig. Zu Beginn der Periode

---

[1] Dies bedeutet insbesondere, dass die Funktionen von beschränkter Variation und somit beschränkt sind.

$a_i^{\text{Pre}}(t)$, sofern sich die Police im Zustand i befindet. Bei einem Übergang $i \rightsquigarrow j$ wird am Ende des Zeitintervalls die Zahlung $a_{ij}^{\text{Post}}(t)$ fällig. Somit gelten für die Berechnung der totalen Geldflüsse die folgenden Formeln:

$$\Delta A_{ij}(t,\omega) = \Delta N_{ij}(t,\omega) a_{ij}^{\text{Post}}(t), \tag{4.1}$$

$$\Delta A_i(t,\omega) = I_i(t,\omega) a_i^{\text{Pre}}(t), \tag{4.2}$$

$$\Delta A(t,\omega) = \sum_{i \in S} \Delta A_i(t,\omega) + \sum_{i,j \in S} \Delta A_{ij}(t,\omega). \tag{4.3}$$

Definition 4.5.5. *Seien A und eventuell auch v stochastische Prozesse auf $(\Omega, \mathcal{A}, P)$ und sei $\mathbb{F} = (\mathcal{F}_t)_{t \geq 0}$ eine Filtration, bezüglich welcher die Prozesse adaptiert sind. In diesem Fall definieren wir die* prospektive Reserve *durch:*

$$V_{\mathbb{F}}^+(t, A) = E\left[V^+(t, A) \mid \mathcal{F}_t\right].$$

An dieser Stelle ist natürlich zu bemerken, dass die verschiedenen Arten der Reserve in Analogie zu den Erwartungswerten nicht immer existieren müssen bzw. unendlich sein können. Im Folgenden gehen wir stillschweigend davon aus, dass $V_{\mathbb{F}}^+(t, A)$ usw. existieren. Diese Bedingung ist in allen praxisrelevanten Anwendungen erfüllt.

Da für eine Markovkette die bedingte Erwartung bezüglich $\mathcal{F}_t$ nur vom Zustand zur Zeit t abhängt, definieren wir zusätzlich:

$$V_j^+(t, A) = E\left[V^+(t, A) \mid X_t = j\right].$$

Die folgende Definition bestimmt die Regularität, welche wir von einem Versicherungsmodell verlangen:

Definition 4.5.6 (Reguläres Versicherungsmodell). *Unter einem regulären Versicherungsmodell verstehen wir folgendes:*

1. *Eine reguläre Markovkette $(X_t)_{t \in T}$ auf einem endlichen Zustandsraum $\mathcal{J}$,*

2. *$a_{ij}(t)$ und $a_i(t)$ Auszahlungsfunktionen,*

3. *$\delta_i(t)$ rechtsstetige Zinsintensitäten mit beschränkter Variation.*

4.6 Deckungskapitalien

Die Deckungskapitalien sind diejenigen Reserven für eine Versicherung, welche vorhanden sein müssen, um die erwarteten Verpflichtungen erfüllen zu können. Wir wollen in Zukunft annehmen, dass sich die Zinsintensität δ wie folgt zusammensetzt: $\delta_t = \sum_{j \in S} I_j(t)\, \delta_j(t)$. Wir definieren die nötigen Reserven für die verschiedenen Teilgeldströme wie folgt:

Definition 4.6.1 (Deckungskapital). *Das Deckungskapital für das Bleiben in einem Zustand $g \in S$ gestützt auf $X_t = j$ bezüglich eines Zeitabschnitts $T \in \sigma(\mathbb{R})$ definieren wir durch:*

$$V_j(t, A_{gT}) = E\left[\frac{1}{v(t)} \times \int_T v(\tau)\, dA_g(\tau) \,\Big|\, X_t = j\right].$$

Für Sprünge von g nach $h \in S$ definieren wir analog:

$$V_j(t, A_{ghT}) = E\left[\frac{1}{v(t)} \times \int_T v(\tau)\, dA_{gh}(\tau) \,\Big|\, X_t = j\right].$$

Für $V_j(t, A_{g\mathbb{R}})$ (bzw. $V_j(t, A_{gh\mathbb{R}})$) schreiben wir $V_j(t, A_g)$ (bzw. $V_j(t, A_{gh})$).

Bemerkung 4.6.2. Die obigen Definitionen für das Deckungskapital lassen sich auf das diskrete Modell übertragen. In diesem Fall sind die Integrale durch die entsprechenden Summen zu ersetzen:

$$V_j(t, A_{gT}) = E\left[\frac{1}{v(t)} \times \sum_{\tau \in T} v(\tau)\, \Delta A_g(\tau) \,\Big|\, X_t = j\right].$$

Für Sprünge von g nach $h \in S$ definieren wir analog:

$$V_j(t, A_{ghT}) = E\left[\frac{1}{v(t)} \times \sum_{\tau \in T} v(\tau + 1)\, \Delta A_{gh}(\tau) \,\Big|\, X_t = j\right],$$

wobei wir hier annehmen, dass die Auszahlungen stets zur Zeit $\tau + 1$ erfolgen.

Die totale Reserve (oder das Deckungskapital) zu einem gegebenen Zustand j berechnet sich demnach als

$$V_j(t, A) = \sum_{g \in S} V_j(t, A_g) + \sum_{g,h \in S, g \neq h} V_j(t, A_{gh})$$

für das zeitstetige Modell, bzw. als

$$V_j(t, A) = \sum_{g \in S} V_j(t, A_g^{\mathrm{Pre}}) + \sum_{g,h \in S} V_j(t, A_{gh}^{\mathrm{Post}})$$

für das zeitdiskrete Modell. Nachdem wir die Deckungskapitalien definiert haben, können wir versuchen, diese zu berechnen. Hierzu wollen wir kurz die verwendeten Geldströme betrachten. Auf der einen Seite sind dies Geldströme der Form $dA_1(t) = a(t)dN_{jk}(t)$ und auf der anderen Seite solche der Form $dA_2(t) = I_j(t)dA(t)$.

In einem ersten Schritt werden wir die Integrale $\int dA$ für die obigen Teilzahlungsströme berechnen, damit wir in einem zweiten Schritt explizite Formeln für die Deckungskapitalien herleiten können.

Satz 4.6.3. *Sei $(X_t)_{t\in T}$ eine reguläre Markovkette (vgl. Def. 2.3.2) auf $(\Omega, \mathcal{A}, P)$. Seien zudem $i, j, k \in S$, $s < t$ und $T \in \sigma(\mathbb{R})$ mit $T \subset [s, \infty]$. Dann gelten die folgenden Aussagen:*

1. Für $a \in L^1(\mathbb{R})$, gilt

$$E\left[\int_T a(\tau)\, dN_{jk}(\tau) \mid X_s = i\right] = \int_T a(\tau)\, p_{ij}(s, \tau)\, \mu_{jk}(\tau)d\tau.$$

2. Für eine Funktion A mit beschränkter Variation gilt

$$E\left[\int_T I_j(\tau)\, dA(\tau) \mid X_s = i\right] = \int_T p_{ij}(s, \tau)\, dA(\tau).$$

Beweis. 1. Da die Treppenfunktionen in L^1 dicht sind, ist wegen der Stetigkeit des Integrals die Gleichung nur für Funktionen der Form $\chi_{[a,b]}$ zu beweisen. Da die Intervalle in $\mathbb{R}_+$ die Borelsche σ-Algebra erzeugen, kann $T = [c, d]$ gewählt werden. Da die Indikatorfunktion ausserhalb von $[a, b]$ Null ist, wählen wir ohne Beschränkung der Allgemeinheit $c = a$ und $d = b$.

Wir definieren die Funktion

$$h(t) := E\left[N_{jk}(t) \mid X_s = i\right].$$

Mit Hilfe dieser Definition erhalten wir nun:

$$
\begin{aligned}
h(t + \Delta t) - h(t) &= E\left[N_{jk}(t + \Delta t) - N_{jk}(t) \mid X_s = i\right] \\
&= \sum_{l \in S} E\left[\chi_{\{X_t = l\}}(N_{jk}(t + \Delta t) - N_{jk}(t)) \mid X_s = i\right] \\
&= \sum_{l \in S} E\left[N_{jk}(t + \Delta t) - N_{jk}(t) \mid X_t = l\right] \times p_{il}(s, t).
\end{aligned}
$$

Betrachtet man die obige Summe, sieht man, dass die Beiträge der Terme $j \neq l$ von der Ordnung $o(\Delta t)$ sind, und wir erhalten:

$$= p_{ij}(s, t) \times \mu_{jk}(t) \times \Delta t + o(\Delta t).$$

Somit ist $h'(t) = p_{ij}(s, t)\, \mu_{jk}(t)$. Durch Integration dieser Gleichung folgt mit Hilfe der Randbedingung $h(0) = 0$ das gewünschte Resultat.

2. Der zweite Teil folgt aus dem Satz von Fubini durch Umkehr der Integrationsreihenfolge.

Bemerkung 4.6.4. Auch diese Aussagen lassen sich ohne weiteres auf das diskrete Modell übertragen. Es gelten die folgenden Gleichungen:

$$E\left[\sum_{\tau \in T} a(\tau)\,\Delta N_{jk}(\tau) \mid X_s = i\right] = \sum_{\tau \in T} a(\tau)\,p_{ij}(s,\tau)p_{jk}(\tau,\tau+1),$$

respektive:

$$E\left[\sum_{\tau \in T} I_j(\tau)\,\Delta A(\tau) \mid X_s = i\right] = \sum_{\tau \in T} p_{ij}(s,\tau)\,\Delta A(\tau).$$

Übung 4.6.5. Beweisen Sie die fehlenden Schritte von Satz 4.6.3.

Aus Satz 4.6.3 folgt insbesondere der folgende Satz

Satz 4.6.6. *Mit der Notation und den Voraussetzungen von Satz 4.6.3 ist*

$$dM_{ij}(t) := dN_{ij}(t) - I_i(t)\,\mu_{ij}(t)dt$$

ein Martingal.

Beweis. Da sowohl

$$N_{ij}(t) \in L^1(\Omega, \mathcal{A}, P)$$

als auch

$$\int_0^t I_j(\tau)\,\mu_{ij}(\tau)d\tau \in L^1(\Omega, \mathcal{A}, P),$$

ist

$$M_{ij}(t) \in L^1(\Omega, \mathcal{A}, P).$$

Somit muss also die Gleichung $E[M_{ij}(t) \mid \mathcal{F}_s] = M_{ij}(s)$, für $s < t$, gezeigt werden. Da die Prozesse M, N und I vom Markovprozess $(X_t)_{t \in T}$ abgeleitet sind, können wir statt dessen $E[M_{ij}(t) \mid X_s = k] = M_{ij}(s)$ beweisen.

$$\begin{aligned}
E[M_{ij}(t) \mid X_s = k] - M_{ij}(s) &= E\left[\int_s^t dM_{ij}(\tau) \mid X_s = k\right] \\
&= E\left[\int_s^t dN_{ij}(t) - I_i(t)\,\mu_{ij}(t)dt \mid X_s = k\right] \\
&= 0,
\end{aligned}$$

wobei wir bei dem letzten Schritt Satz 4.6.3 benutzen.

Mit Satz 4.6.3 können wir für unser Versicherungsmodell auch die folgenden Formeln für die Berechnung der Deckungskapitalien beweisen:

Satz 4.6.7. *Sei* $(X_t)_{t \in T}$ *eine reguläre Markovkette auf* $(\Omega, \mathcal{A}, P)$, *und seien* a_{ij} *und* a_i *Auszahlungsfunktionen. Dann gelten für fixierte Zinsintensitäten* (d.h. $\delta_i = \delta$) *folgende Gleichungen:*

$$E[V(t, A_{jT}) | X_s = i]$$
$$= \frac{1}{v(t)} \int_T v(\tau)\, p_{ij}(s, \tau)\, da_j(\tau),$$

$$E[V(t, A_{jkT}) | X_s = i]$$
$$= \frac{1}{v(t)} \int_T v(\tau)\, a_{jk}(\tau)\, p_{ij}(s, \tau)\, \mu_{jk}(\tau)\, d\tau,$$

$$E[V(t, A_{jS}) V(t, A_{lT}) | X_s = i]$$
$$= \frac{1}{v(t)^2} \int_{T \times S} v(\theta) v(\tau) \Big\{ \chi_{\{\theta \leq \tau\}} p_{ij}(s, \theta) p_{jl}(\theta, \tau)$$
$$+ \chi_{\{\theta > \tau\}} p_{il}(s, \tau) p_{lj}(\tau, \theta) \Big\} da_j(\theta) da_l(\tau),$$

$$E[V(t, A_{jkS}) V(t, A_{lmT}) | X_s = i]$$
$$= \frac{1}{v(t)^2} \Bigg[\int_{T \times S} v(\theta) v(\tau) \Big\{ \chi_{\{\theta \leq \tau\}} p_{ij}(s, \theta) p_{kl}(\theta, \tau)$$
$$+ \chi_{\{\theta > \tau\}} p_{il}(s, \theta) p_{mj}(\theta, \tau) \Big\} \mu_{jk}(\theta) \mu_{lm}(\tau) a_{jk}(\theta) a_{lm}(\tau)\, d\theta\, d\tau$$
$$+ \delta_{jk, lm} \int_{T \cap S} v(\tau)^2 p_{ij}(s, \tau) \mu_{jk}(\tau) a_{jk}^2\, d\tau \Bigg],$$

$$E[V(t, A_{jS}) V(t, A_{lmT}) | X_s = i]$$
$$= \frac{1}{v(t)^2} \int_{T \times S} v(\theta) v(\tau) \Big\{ \chi_{\{\theta \leq \tau\}} p_{ij}(s, \theta) p_{jl}(\theta, \tau)$$
$$+ \chi_{\{\theta > \tau\}} p_{il}(s, \tau) p_{mj}(\tau, \theta) \Big\} da_j(\theta) \mu_{lm}(\tau) a_{lm}(\tau)\, d\tau.$$

Beweis. Die ersten beiden Gleichungen folgen direkt aus Satz 4.6.3. Für die anderen Gleichungen verweisen wir auf [Nor91].

Bemerkung 4.6.8. Auch dieser Satz kann ohne Probleme in die Welt der diskreten Markovmodelle übersetzt werden. Es gelten die folgenden Identitäten:

$$E[V(t, A_{jT}) | X_s = i] \quad = \quad \frac{1}{v(t)} \sum_{\tau \in T} v(\tau)\, p_{ij}(s, \tau)\, a_j^{\mathrm{Pre}}(\tau),$$

$$E[V(t, A_{jkT}) | X_s = i] \quad = \quad \frac{1}{v(t)} \sum_{\tau \in T} v(\tau + 1)\, p_{ij}(s, \tau)\, p_{jk}(\tau, \tau + 1)\, a_{jk}^{\mathrm{Post}}(\tau),$$

wobei hier bei den Übergängen $j \rightsquigarrow k$ beachtet werden muss, dass die Zahlungen $a_{jk}^{\mathrm{Post}}(\tau)$ am Ende der Periode erfolgen.

Übung 4.6.9. Vervollständigen Sie den Beweis von Satz 4.6.7.

Mit Hilfe des Satzes 4.6.7 lassen sich die Erwartungswerte und Varianzen der prospektiven Reserven berechnen, falls die entsprechenden Übergangswahrscheinlichkeiten bekannt sind. Ausgehend von den Reserven für die einzelnen Teilverpflichtungen, lassen sich die totalen prospektiven Reserven wie folgt berechnen:

Satz 4.6.10. *Für ein reguläres Versicherungsmodell (Definition 4.5.6) mit deterministischen Zinsintensitäten lassen sich die prospektiven und retrospektiven Reserven wie folgt berechnen:*

$$V_j^+(t) \;=\; \frac{1}{v(t)} \int_{]t,\infty[} v(\tau) \sum_{g \in S} p_{jg}(t,\tau)$$
$$\times \left\{ da_g(\tau) + \sum_{S \ni h \neq g} a_{gh}(\tau)\mu_{gh}(\tau)d\tau \right\},$$

Bemerkung 4.6.11. Die oben stehende Formel ist für die Berechnung der Reserven ziemlich unpraktisch, da Integrale zu berechnen sind, welche sich auf die Grössen p_{ij} stützen. In der Praxis sind jedoch eher die μ_{ij} gegeben, was die Berechnung zusätzlich erschwert. Im nächsten Abschnitt werden wir sehen, wie man diese Problematik eleganter lösen kann.

4.7 Rekursionsformeln für die Reserven

In diesem Abschnitt werden wir die direkte Berechnung der Reserven via Integrale benutzen, um eine Rekursion für diese herzuleiten. Die Rekursion kann in zweifacher Weise verwendet werden. Auf der einen Seite lässt sich so die Thielesche Differentialgleichung beweisen. Andererseits kann man die so gewonnene Rekursion auf das zeitdiskrete Modell anwenden und damit viele Versicherungstypen berechnen. Wir werden in den folgenden Abschnitten sehen, dass es sich bei diesen Rekursionen, Differenzen- und Differentialgleichungen um äusserst hilfreiche Methoden handelt, um konkrete Resultate zu erhalten.

Um die Beweise zu vereinfachen, verwenden wir die folgende Definition des Deckungskapitals:

Definition 4.7.1. *Für ein reguläres Versicherungsmodell (Definition 4.5.6) definieren wir:*

$$W_j^+(t) \;:=\; v(t)\, V_j^+(t),$$

Der Unterschied von W zum üblichen Deckungskapital V besteht nur im Diskont. Bei V wird der Wert des Geldflusses zum Zeitpunkt t, bei W zum Zeitpunkt 0 berechnet. W ist also eine Hilfsgrösse, um die Beweise transparenter zu halten. Mit Hilfe dieser Grössen können wir nun eine Rekursionsformel für das prospektive Deckungskapital herleiten:

Lemma 4.7.2. *Sei $(X_t)_{t \in T}$ ein reguläres Versicherungsmodell in stetiger Zeit mit deterministischen Zinsintensitäten, und sei $j \in S$ und $s < t < u$. Dann gelten die folgenden beiden Gleichungen:*

$$W_j^+(t) = \sum_{g \in S} p_{jg}(t, u)\, W_g^+(u)$$
$$+ \int_{]t,u]} v(\tau) \sum_{g \in S} p_{jg}(t, \tau) \left\{ da_g(\tau) + \sum_{S \ni h \neq g} a_{gh}(\tau)\mu_{gh}(\tau)d\tau \right\},$$

Beweis. Der Beweis der Formel stützt sich auf die Chapman-Kolmogorov-Gleichung:

$$W_j^+(t) = \int_{]t,\infty]} v(\tau) \sum_{g \in S} p_{jg}(t, \tau) \left\{ da_g(\tau) + \sum_{S \ni h \neq g} a_{gh}(\tau)\mu_{gh}(\tau)d\tau \right\}$$

$$= \left(\int_{]t,u]} + \int_{]u,\infty]} \right) v(\tau) \sum_{g \in S} p_{jg}(t, \tau)$$
$$\times \left\{ da_g(\tau) + \sum_{S \ni h \neq g} a_{gh}(\tau)\mu_{gh}(\tau)d\tau \right\}$$

$$= \int_{]t,u]} v(\tau) \sum_{g \in S} p_{jg}(t, \tau) \left\{ da_g(\tau) + \sum_{S \ni h \neq g} a_{gh}(\tau)\mu_{gh}(\tau)d\tau \right\}$$
$$+ \int_{]u,\infty]} v(\tau) \sum_{g \in S} \left(\sum_{k \in S} p_{jk}(t, u)p_{kg}(u, \tau) \right)$$
$$\times \left\{ da_g(\tau) + \sum_{S \ni h \neq g} a_{gh}(\tau)\mu_{gh}(\tau)d\tau \right\}$$

$$= \int_{]t,u]} v(\tau) \sum_{g \in S} p_{jg}(t, \tau) \left\{ da_g(\tau) + \sum_{S \ni h \neq g} a_{gh}(\tau)\mu_{gh}(\tau)d\tau \right\}$$
$$+ \sum_{k \in S} p_{jk}(t, u) \left(\int_{]u,\infty]} v(\tau) \sum_{g \in S} p_{kg}(u, \tau) \right.$$
$$\left. \times \left\{ da_g(\tau) + \sum_{S \ni h \neq g} a_{gh}(\tau)\mu_{gh}(\tau)d\tau \right\} \right)$$

$$\begin{aligned} = \ & \sum_{g\in S} p_{jg}(t,u)\, W_g^+(u) \\[2mm] & + \int_{]t,u]} v(\tau)\sum_{g\in S} p_{jg}(t,\tau)\left\{ da_g(\tau) + \sum_{S\ni h\neq g} a_{gh}(\tau)\mu_{gh}(\tau)d\tau \right\}. \end{aligned}$$

Aus der Rekursionsformel können auch Erkenntnisse für das Modell in diskreter Zeit gewonnen werden. Bei diesem Modell nimmt man an, dass die Geldströme nicht in stetiger Zeit ausbezahlt werden, sondern z.B. Renten zu Beginn des Intervalls und Todesfallkapitalien am Ende des Intervalls. Die Zahlungen zu Beginn des Jahres bezeichnen wir mit $a_i^{Pre}(t)$, diejenigen am Ende mit $a_{ij}^{Post}(t)$. Es wird also insbesondere angenommen, dass Zustandswechsel nur am Ende des Jahres auftreten können. In diesem Fall erhalten wir aus dem obigen Lemma für $\Delta t = 1$ die folgende Rekursion für die Deckungskapitalien:

Satz 4.7.3 (Thielesche Differenzengleichung). *Für das zeitdiskrete Markovmodell gilt die folgende Rekursion für das prospektive Deckungskapital:*

$$V_i^+(t) \;=\; a_i^{Pre}(t) + \sum_{j\in S} v_t\, p_{ij}(t)\left\{ a_{ij}^{Post}(t) + V_j^+(t+1) \right\}.$$

Bemerkung 4.7.4. − Aus der Formel wird deutlich, dass die einzigen Fehler, welche durch die Diskretisierung der Zeitachse induziert werden, von den unterjährigen Zahlungen stammen.

− Die Rekursion für das Deckungskapital ist vor allem für die Praxis von Bedeutung, da so die nötigen Einmaleinlagen und Prämien berechnet werden können. Unter diesem Gesichtspunkt stellt diese Formel das wichtigste Resultat für die Praxis dar.

− Um eine Differentialgleichung oder eine Differenzengleichung zu lösen, bedarf es einer Randbedingung. Bei einer Altersrente besteht die Randbedingung z.B. darin, dass die Reserve im letzten Alter ω gleich Null ist.

4.8 Berechnung der nötigen Einmaleinlagen

Ziel dieses Kapitels ist es, mit den gewonnenen Erkenntnissen die nötigen Einmaleinlagen und Prämien für verschiedene Versicherungstypen zu berechnen. Die Beispiele werden mit Hilfe der diskreten Rekursion (Satz 4.7.3) berechnet. Als Erstes wollen wir die Gemischte Versicherung betrachten:

Beispiel 4.8.1 (Gemischte Versicherung in diskreter Zeit). Wir betrachten die Gemischte Versicherung aus Beispiel 4.2.1. Dies bedeutet eine

Todesfallsumme von 200'000 Fr. bei einer Erlebensfallsumme von 100'000 Fr. Für die Berechnungen gehen wir von einem 30jährigen Mann und einem Schlussalter von 65 aus.

- Wie hoch ist die nötige Einmaleinlage für diese Versicherung bei einer technischen Verzinsung von 3.5 %?
- Wie gross ist die erforderliche Jahresprämie?

Für die Sterblichkeit nehmen wir die Formel (2.13). Als Erstes betrachten wir die Versicherung gegen Einmaleinlage. Es gelten die folgenden vertragsmässigen Funktionen:

$$a_{*\dagger}^{\text{Post}}(x) = \begin{cases} 200000, & \text{falls} \quad x < 65, \\ 0, & \text{sonst,} \end{cases}$$

$$a_{**}^{\text{Post}}(x) = \begin{cases} 0, & \text{falls} \quad x < 64, \\ 100000, & \text{falls} \quad x = 64, \\ 0, & \text{sonst.} \end{cases}$$

Mit Hilfe von Satz 4.7.3 erhalten wir die Resultate gemäss Tabelle 4.5. Dabei ist zu beachten, dass die Deckungskapitalien für den Erlebensfall und den Todesfall separat berechnet wurden. Die Reserve für den Erlebensfall entspricht der Grösse $V_*(t, A_{**\mathbb{R}})$ und die Reserve für den Todesfall $V_*(t, A_{*\dagger\mathbb{R}})$ im Sinne von Definition 4.6.1.

Tabelle 4.5. Einlagesätze für eine Gemischte Versicherung

Alter	q_x	Res. für Erlebensfall	Res. für Todesfall	Summen Reserve
65	**0.01988**	**100000**	**0**	**100000**
64	0.01836	94844	3548	98392
63	0.01696	90083	6647	96730
62	0.01566	85674	9348	95022
61	0.01446	81579	11696	93275
60	0.01336	77768	13730	91498
55	0.00897	62086	20275	82360
50	0.00602	50444	22766	73210
45	0.00404	41470	22956	64426
40	0.00271	34362	21874	56236
35	0.00181	28624	20135	48759
30	0.00121	23928	18116	42044

Bei der Berechnung der Reserven sieht man, dass einerseits die Rekursionsformel und andererseits die Randbedingungen für $x = 65$ verwendet wurden. Abbildung 4.6 zeigt die nötigen Reserven für diese Versicherungsart in Abhängigkeit des technischen Zinses.

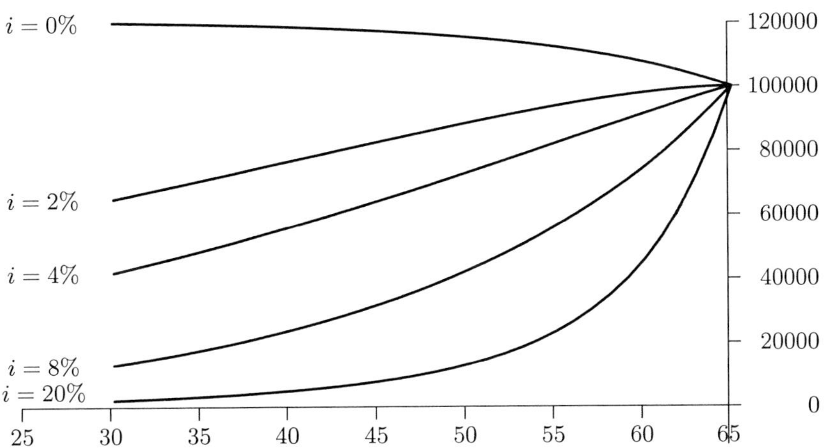

Abbildung 4.6. Deckungskapitalien in Abhängigkeit des Zinses

Nachdem wir die Gemischte Versicherung gegen Einmaleinlage betrachtet haben, wenden wir uns nun der prämienpflichtigen Versicherung zu. Der Prämienzahlungsstrom ist durch die folgende Vertragsfunktion gegeben:

$$a_*^{\mathrm{Pre}}(x) \;=\; \begin{cases} -P, & \text{falls} \quad x < 65, \\ 0, & \text{sonst.} \end{cases}$$

P ist so zu bestimmen, dass der Wert der Versicherung bei deren Abschluss gleich Null ist. (Äquivalenzprinzip: Der Barwert der Leistungen des Versicherers und des Versicherungsnehmers entsprechen sich im Erwartungswert bei dem Abschluss der Versicherung.) Die einfachste Möglichkeit P zu berechnen, besteht darin, einerseits V_x^{Ausgaben} (induziert durch die ersten beiden Vertragsfunktionen) und andererseits $V_x^{\mathrm{Einnahmen}}$ (induziert durch den Prämienzahlungsstrom) zu betrachten. Das totale Deckungskapital berechnet sich durch $V_x = V_x^{\mathrm{Ausgaben}} + V_x^{\mathrm{Einnahmen}}$. Da $V_x^{\mathrm{Einnahmen}} = P \times V_x^{\mathrm{Einnahmen},P=1}$ ist, kann nun P durch

$$P = -V_x^{\mathrm{Ausgaben}} / V_x^{\mathrm{Einnahmen},P=1}$$

berechnet werden. Aus den obigen Überlegungen ergeben sich folgende Resultate:

$$P = 2129.15 \text{ Fr. p.a.}$$

Tabelle 4.6 zeigt den Verlauf des Deckungskapitals für diese Versicherung. Abbildung 4.7 zeigt denselben Sachverhalt in graphischer Weise.

Übung 4.8.2. Führen Sie die Berechnungen für das obige Beispiel durch.

Tabelle 4.6. Verlauf des Deckungskapitals bei einer Gemischten Versicherung gegen Jahresprämie

Alter	Barwert der Einnahmen	Barwert der Ausgaben	Reserve
65	0	100000	100000
64	-2129	98392	96263
63	-4149	96730	92581
62	-6069	95022	88952
61	-7901	93275	85374
60	-9653	91498	81845
50	-23928	73210	49282
40	-34292	56236	21943
30	-42044	42044	0

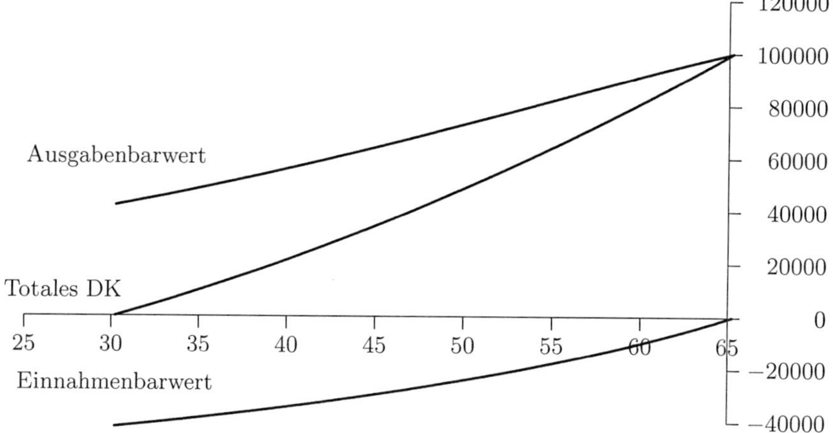

Abbildung 4.7. Gemischte Versicherung gegen Prämienzahlung

Als Nächstes wollen wir das schon weiter vorne behandelte einfache Invaliditätsmodell betrachten und zeigen, wie dort einerseits eine Invalidenrente und andererseits die Prämienbefreiung modelliert werden können:

Beispiel 4.8.3 (Invaliditätsversicherung). Wir betrachten das Modell für die Invalidität aus Beispiel 2.4.2. Dies bedeutet, dass wir keine Reaktivierung zulassen. Zudem verzichten wir auch auf die Modellierung einer Wartefrist.

- Berechne den Barwert einer anwartschaftlichen Invalidenrente für einen 30jährigen Mann bei einem Schlussalter von 65 und einem technischen Zinssatz von 4%.

- Vergleiche für dieselbe Person den Einnahmenbarwert mit und ohne Prämienbefreiung.

Als Erstes wollen wir den Ausgabenbarwert der anwartschaftlichen Invalidenrente berechnen. In diesem Fall lauten die nichttrivialen vertragsmässigen Funktionen wie folgt: (Wir gehen hierbei von einer vorschüssig zahlbaren Invalidenrente der Höhe 1 aus.)

$$a_\diamond^{\mathrm{Pre}} = \begin{cases} 1, & \text{falls} \quad x < 65, \\ 0, & \text{sonst.} \end{cases}$$

Die Randbedingungen für dieses Problem sind alle gleich Null. Das bedeutet, dass im Erlebensfall am Ende der Versicherungsdauer keine Leistung ausbezahlt wird. Mit den obigen Angaben erhalten wir die Resultate gemäss Tabelle 4.7. Für eine anwartschaftliche Invalidenrente in Höhe von 10'000 Fr. ist somit eine Einmaleinlage von 4'396.8 Fr. zu bezahlen. Für einen 35jährigen Invaliden beträgt die Schadenreserve für eine laufende Invalidenrente gleicher Höhe 170'790 Fr.

Tabelle 4.7. Reserven für eine Invalidenrente

Alter	$p_{*\dagger}$	$p_{*\diamond}$	$V_*(x)$	$V_\diamond(x)$
65	0.02289	0.02794	**0.00000**	**0.00000**
64	0.02101	0.02439	0.00000	1.00000
63	0.01929	0.02129	0.02047	1.94299
62	0.01772	0.01860	0.05372	2.83515
61	0.01628	0.01625	0.09427	3.68174
60	0.01495	0.01420	0.13828	4.48719
55	0.00983	0.00732	0.34176	8.01299
50	0.00653	0.00387	0.46175	10.90260
45	0.00439	0.00214	0.50531	13.31967
40	0.00301	0.00127	0.50178	15.35782
35	0.00212	0.00084	0.47493	17.07904
30	0.00155	0.00062	0.43968	18.53012

Nun wollen wir uns dem Prämien- oder Einnahmenbarwert zuwenden. Wir müssen unterscheiden zwischen dem Barwert ohne Prämienbefreiung mit Vertragsfunktionen:

$$a_*^{\mathrm{Pre}} = \begin{cases} 1, & \text{falls} \quad x < 65, \\ 0, & \text{sonst,} \end{cases}$$

$$a_\diamond^{\mathrm{Pre}} = \begin{cases} 1, & \text{falls} \quad x < 65, \\ 0, & \text{sonst,} \end{cases}$$

und dem Prämienbarwert mit Prämienbefreiung:

$$a_*^{\mathrm{Pre}} = \begin{cases} 1, & \text{falls} \quad x < 65, \\ 0, & \text{sonst,} \end{cases}$$

$$a_\diamond^{\mathrm{Pre}} = \begin{cases} 0, & \text{falls} \quad x < 65, \\ 0, & \text{sonst.} \end{cases}$$

Der Unterschied zwischen diesen beiden Typen besteht darin, dass im ersten
Fall die Prämie auch im Zustand "invalid" geschuldet wird. In beiden Fällen
sind die Randbedingungen bei 65 gleich 0. Durch Anwendung der Thieleschen
Differenzengleichung erhalten wir die Resultate gemäss Tabelle 4.8. Hieraus
ist ersichtlich, dass der Wert der bezahlten Prämien kleiner ist, wenn diese im
Falle der Invalidität nicht geschuldet werden. Die entsprechende graphische
Darstellung ist in Abbildung 4.8 enthalten.

Tabelle 4.8. Prämienbarwerte

Alter	$V(x)$ ohne Prämienbefr.	$V(x)$ mit Prämienbefr.
65	**0.00000**	**0.00000**
64	1.00000	1.00000
63	1.94299	1.92251
62	2.83515	2.78144
61	3.68174	3.58747
60	4.48719	4.34891
55	8.01299	7.67123
50	10.90260	10.44085
45	13.31967	12.81436
40	15.35782	14.85604
35	17.07904	16.60411
30	18.53012	18.09044

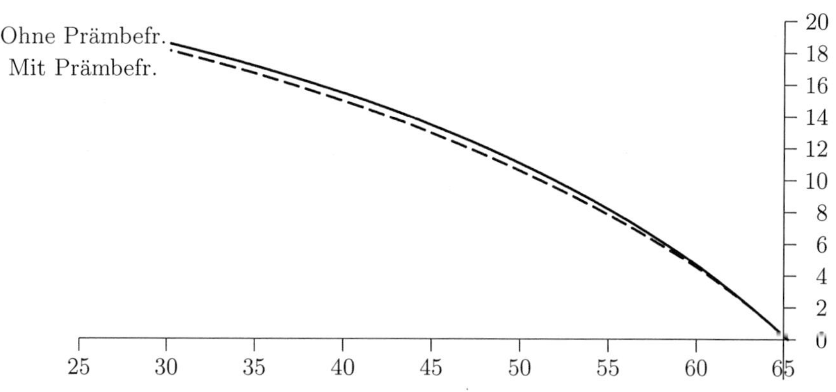

Abbildung 4.8. Prämienbarwerte

Nun können wir auch die periodische Prämie für die Invalidenrente von 10'000
Fr. mit Prämienbefreiung berechnen:

$$P = 4396.8/18.09044 = 243.05 \text{ Fr. p.a.}$$

Übung 4.8.4.   1. Führen Sie das obige Beispiel unter Berücksichtigung der Reaktivierung (vgl. Beispiel 4.2.2) durch.

  2. Modellieren Sie denselben Sachverhalt mit einer Wartefrist von einem Jahr.

Als Nächstes wollen wir eine Versicherung auf zwei Leben betrachten. Es sind vier verschiedene Zustände denkbar, für welche je eine Rente versichert werden kann.

Beispiel 4.8.5 (Rente auf zwei Leben). Als Nächstes wollen wir die Einmaleinlagen für die verschiedenen möglichen Renten bei einer Versicherung auf zwei Leben berechnen. Wir nehmen hierzu an, dass beide Personen die gleiche Sterbeintensität besitzen wie in Beispiel 4.2.1 und dass $x_1 = 30$ und $x_2 = 35$ ist. Wir wählen einen technischen Zinssatz von 3.5 % und als letztes Alter mit lebenden Personen $\omega = 114$.

Es gibt drei verschiedene Rentenarten: (Wir verwenden x_1 als Alter)

Zustand	**Art**	**Formel**
$**$	Beide Personen am Leben	$a_{**}^{\mathrm{Pre}}(x) = \alpha_{**} \begin{cases} 0, & \text{falls} \quad x_1 < 65, \\ 1, & \text{sonst,} \end{cases}$
$*\dagger$	Zweite Person tot	$a_{*\dagger}^{\mathrm{Pre}}(x) = \alpha_{*\dagger} \begin{cases} 0, & \text{falls} \quad x_1 < 65, \\ 1, & \text{sonst,} \end{cases}$
$\dagger*$	Erste Person tot	$a_{\dagger*}^{\mathrm{Pre}}(x) = \alpha_{\dagger*} \begin{cases} 0, & \text{falls} \quad x_1 < 65, \\ 1, & \text{sonst.} \end{cases}$

Die Definition der obigen Renten ist insofern ein wenig speziell, als die Rente auf das zweite Leben (also für $\dagger*$) erst mit dem 65. Lebensjahr fällig wird. Normalerweise würde diese sofort nach dem Tod der ersten Person fällig.

Wir nehmen an, dass die beiden Versicherten unabhängig voneinander sterben und bezeichnen mit $x = (x_1, x_2)$. In diesem Fall lauten die Rekursionsformeln wie folgt:

$$
\begin{aligned}
V_{**}(x) &= a_{**}^{\mathrm{Pre}}(x) + p_{x_1}\, p_{x_2}\, v\, V_{**}(x+1) + p_{x_1}\,(1 - p_{x_2})\, v\, V_{*\dagger}(x+1) \\
&\quad + (1 - p_{x_1})\, p_{x_2}\, v\, V_{\dagger*}(x+1), \\[1em]
V_{*\dagger}(x) &= a_{*\dagger}^{\mathrm{Pre}}(x) + p_{x_1}\, v\, V_{*\dagger}(x+1), \\[1em]
V_{\dagger*}(x) &= a_{\dagger*}^{\mathrm{Pre}}(x) + p_{x_2}\, v\, V_{\dagger*}(x+1).
\end{aligned}
$$

Mit Hilfe der Rekursionen erhalten wir die Resultate gemäss Tabelle 4.9.

Tabelle 4.9. Deckungskapitalien (DK) für eine Versicherung auf zwei Leben

Bezeichnungen:

$V_{*\cdot}(\mathrm{R1})$	DK für die Rente auf das erste Leben, unabhängig vom Zustand des zweiten Lebens,
$V_{\cdot*}(\mathrm{R2})$	dito für die Rente auf das zweite Leben,
$V_{**}(\mathrm{R1})$	DK für die Rente auf das erste Leben, falls $X_t = (**)$,
$V_{**}(\mathrm{R2})$	dito für die Rente auf das zweite Leben,
$V_{**}(\mathrm{R}\,(**))$	dito für die Rente auf das verbundene Leben.

Alter 1	Alter 2	$V_{*\cdot}(\mathrm{R1})$	$V_{\cdot*}(\mathrm{R2})$	$V_{**}(\mathrm{R1})$	$V_{**}(\mathrm{R2})$	$V_{**}(\mathrm{R}\,(**))$
115	120	**0.00000**		**0.00000**	**0.00000**	**0.00000**
114	119	1.00000		0.00000	0.00000	1.00000
113	118	1.11505		0.11505	0.00000	1.00000
112	117	1.19991		0.19991	0.00000	1.00000
111	116	1.28640		0.28640	0.00000	1.00000
110	**115**	1.37771	**0.00000**	0.37771	0.00000	1.00000
109	114	1.47450	1.00000	0.45824	0.00000	1.01626
108	113	1.57710	1.11505	0.52973	0.06845	1.04736
90	95	4.64366	3.53796	2.04747	0.94178	2.59618
75	80	9.05696	7.43141	3.39065	1.76510	5.66631
65	70	12.54173	10.77780	3.88770	2.12377	8.65403
55	60	7.78663	6.26733	3.37939	1.86010	4.40724
40	45	4.30964	3.34208	2.13044	1.16288	2.17920
30	35	3.00101	2.30680	1.52353	0.82932	1.47748

Übung 4.8.6.   1. Berechnen Sie die Prämienbarwerte für die Versicherung auf zwei Leben. Auch hier müssen drei Fälle unterschieden werden.

2. Modellieren Sie die individuelle Waisenrente. In diesem Fall gibt es drei versicherte Personen: den Vater, die Mutter und das Kind. Bestimmen Sie die vertragsmässigen Funktionen, wenn das Kind als einfache Waise 5'000 Fr. und als Vollwaise 10'000 Fr. erhält. Die Anwartschaft (und auch die Laufzeit) auf die Waisenrente sei begrenzt bis zu dem Zeitpunkt, zu welchem das Kind 25 Jahre alt wird.

5. Differenzen- und Differentialgleichungen

5.1 Einleitung

In diesem Kapitel werden wir uns dem Markovmodell in stetiger Zeit zuwenden. Das Analogon zu den diskreten Differenzengleichungen sind die Differentialgleichungen.

Diese Differentialgleichungen wurden von Thiele im ausgehenden 19. Jahrhundert für einfache Versicherungsarten bewiesen. Wir wollen diese Gleichungen für das Markovmodell herleiten. Der Nutzen dieser Gleichungen ist ein zweifacher: Einerseits ermöglichen sie ein tieferes Verständnis für die Zusammenhänge. Andererseits erlauben sie es wiederum, den Preis einer Versicherung zu berechnen.

5.2 Die Thieleschen Differentialgleichungen

In diesem Abschnitt wollen wir die sogenannten Thieleschen Differentialgleichungen für das Deckungskapital herleiten. Wir werden die Allgemeinheit dahingehend abschwächen, indem wir keine Sprünge des Deckungskapitals zulassen. In einem späteren Kapitel werden wir diese Einschränkung wieder aufheben, zum Preis eines komplizierteren Beweises.

Theorem 5.2.1 (Thielesche Differentialgleichung). *Sei $(X_t)_{t \in T}$, a_{ij}, a_i und δ_t ein reguläres Versicherungsmodell (Definition 4.5.6). Zudem nehmen wir an, dass $da_g(t)$ absolut stetig bezüglich des Lebesguemasses λ ist, d.h. dass $da_g(t) = a_g(t)\, d\lambda$ ist. (Dies bedeutet, dass die Auszahlungsfunktion $A_g(t)$ keine Sprünge aufweist.) Dann gelten folgende Aussagen, wenn wir deterministische Zinsintensitäten voraussetzen:*

1. $W_g^+(t)$ ist stetig für alle $g \in S$.

2. $\frac{\partial}{\partial t} W_j^+(t) = -v(t)\left\{ a_j(t) + \sum_{j \neq g \in S} \mu_{jg}(t) a_{jg}(t) \right\}$
$+ \mu_j(t) W_j^+(t) - \sum_{j \neq g \in S} \mu_{jg}(t) W_g^+(t).$ (Thielesche Differentialgleichung)

M. Koller, *Stochastische Modelle in der Lebensversicherung*, 2nd ed.,
Springer-Lehrbuch, DOI 10.1007/978-3-642-11252-2_5,

$$3. \quad V_j^+(t) = \frac{1}{v(t)} \left[\begin{array}{l} \int_t^u v(\tau)\overline{p}_{jj}(t,\tau)\{a_j(\tau) + \sum_{j \neq g \in S} \mu_{jg}(\tau)(a_{jg}(\tau) \\ + V_g^+(\tau))\}d\tau + v(u)\overline{p}_{jj}(t,u)V_j^+(u^-) \end{array} \right].$$

Beweis. Den Beweis der ersten Aussage überlassen wir dem Leser als Übung und wenden uns der zweiten Aussage zu: Sei $j \in S, t \in \mathbb{R}$ und $\Delta t > 0$. Mit Hilfe von Lemma 4.7.2 finden wir:

$$\begin{aligned} W_j^+(t) \quad = \quad & v(t) \left\{ a_j(t) + \sum_{j \neq g \in S} \mu_{jg}(t)a_{jg}(t) \right\} \Delta t \\ & + (1 - \mu_j(t)\Delta t)W_j^+(t + \Delta t) \\ & + \sum_{j \neq g \in S} \mu_{jg}(t)W_g^+(t + \Delta t)\,\Delta t + o(\Delta t), \end{aligned}$$

wobei wir die folgenden Sachverhalte verwendet haben:

$$\begin{aligned} p_{jj}(t, t + \Delta t) \quad &= \quad 1 - \Delta t\,\mu_j(t) + o(\Delta t), \\ p_{jk}(t, t + \Delta t) \quad &= \quad \Delta t\,\mu_{jk}(t) + o(\Delta t). \end{aligned}$$

Aus der obigen Gleichung folgt:

$$\begin{aligned} \frac{W_j^+(t + \Delta t) - W_j^+(t)}{\Delta t} \quad = \quad & -v(t)\left\{a_j(t) + \sum_{j \neq g \in S} \mu_{jg}(t)a_{jg}(t)\right\} \\ & + \quad \mu_j(t)\,W_j^+(t + \Delta t) \\ & - \quad \sum_{g \neq j} \mu_{jg}(t)W_g^+(t + \Delta t) + \frac{o(\Delta t)}{\Delta t}. \end{aligned}$$

Für $\Delta t \longrightarrow 0$ ergibt sich nun:

$$\begin{aligned} \frac{\partial}{\partial t}W_j^+(t) \quad = \quad & -v(t)\left\{a_j(t) + \sum_{j \neq g \in S} \mu_{jg}(t)a_{jg}(t)\right\} + \mu_j(t)W_j^+(t) \\ & - \quad \sum_{j \neq g \in S} \mu_{jg}(t)W_g^+(t). \end{aligned}$$

Um den dritten Teil zu beweisen, benutzen wir die Thielesche Differentialgleichung:

$$\exp\left(-\int_o^t \mu_j(\tau)d\tau\right)\left(-v(t)\{a_j(t) + \sum_{j \neq g \in S} \mu_{jg}(t)a_{jg}(t)\}\right.$$

$$\left. - \sum_{j\neq g\in S} \mu_{jg}(t)W_g^+(t) \right)$$

$$= \exp\left(-\int_o^t \mu_j(\tau)d\tau\right)\left(\frac{\partial}{\partial t}W_j^+(t) - \mu_j(t)W_j^+(t)\right)$$

$$= \frac{\partial}{\partial t}\left(\exp\left(-\int_o^t \mu_j(\tau)d\tau\right)W_j^+(t)\right).$$

Durch beidseitiges Integrieren $\int_t^u$ erhalten wir

$$\exp\left(-\int_o^t \mu_j(\tau)d\tau\right)\left(\exp\left(-\int_t^u \mu_j(\tau)d\tau\right)W_j^+(u) - W_j^+(t)\right)$$

$$= \int_t^u \exp\left(-\int_o^t \mu_j(\xi)d\xi\right)\exp\left(-\int_t^\tau \mu_j(\xi)d\xi\right)$$

$$\times\left[-v(\tau)\left\{a_j(\tau) + \sum_{j\neq g\in S} \mu_{jg}(\tau)a_{jg}(\tau)\right\}\right.$$

$$\left. - \sum_{j\neq y\in S} \mu_{jg}(\tau)W_g^+(\tau)\right]d\tau.$$

Dies führt zu

$$V_j^+(t) = \frac{1}{v(t)}\left[\int_t^u v(\tau)\overline{p}_{jj}(t,\tau)\{a_j(\tau) + \sum_{j\neq g\in S} \mu_{jg}(\tau)\right.$$

$$\left. \times (a_{jg}(\tau) + V_g^+(\tau))\}d\tau + v(u)\overline{p}_{jj}(t,u)V_j^+(u^-)\right],$$

wobei wir verwendet haben, dass $\overline{p}_{jj}(t,\tau) = \exp(-\int_t^\tau \mu_j(\xi)d\xi)$.

Bemerkung 5.2.2. Betrachten wir nochmals die Integralgleichung, welche wir aus der Thieleschen Differentialgleichung hergeleitet haben:

$$V_j^+(t) = \frac{1}{v(t)}\left[\int_t^u v(\tau)\overline{p}_{jj}(t,\tau)\{\underbrace{a_j(\tau)}_{I} + \sum_{j\neq g\in S} \overbrace{\mu_{jg}(\tau)(\underbrace{a_{jg}(\tau)}_{IIa} + V_g^+(\tau))}^{IIb}\}d\tau \\ + \underbrace{v(u)\overline{p}_{jj}(t,u)V_j^+(u^-)}_{III}\right].$$

Durch die obige Gruppierung sehen wir, woraus sich die Reserve zusammensetzt. Sie besteht aus:

I)		Reserve für Zahlungen im Zustand j (Renten und Prämien),
II)		Reserve für Zustandswechsel bestehend aus
	IIa)	Transaktionspreis (z.B. Todesfallsummen) und
	IIb)	Nötige Reserve im neuen Zustand,
III)		Reserve, falls man nach $[t, u]$ noch im Zustand j ist.

5.3 Beispiele zur Thieleschen Differentialgleichung

Wir betrachten nochmals dieselben Beispiele, welche wir schon in diskreter Zeit bearbeitet haben. Bei dem ersten Beispiel sind die Differentialgleichungen explizit lösbar:

Beispiel 5.3.1 (Temporäre Todesfallversicherung). Wir betrachten eine temporäre Todesfallversicherung der Höhe b, finanziert durch eine Prämie der Höhe c. In dieser Situation lauten die Differentialgleichungen wie folgt:

$$\frac{\partial}{\partial t} W_*(t) \;=\; v^t(c - \mu_{x+t}\, b) + \mu_{x+t} W_*(t) - \mu_{x+t} W_\dagger(t),$$

$$\frac{\partial}{\partial t} W_\dagger(t) \;=\; 0,$$

mit den Randbedingungen $W_*(s - x) = W_\dagger(s - x) = 0$, wobei s das Alter bezeichnet, in welchem die Versicherungsdeckung endet.

Als Nächstes wollen wir den Verlauf des Deckungskapitals berechnen. Aus den obigen Gleichungen ist sofort ersichtlich, dass $W_\dagger(t) \equiv 0$ ist und nur $W_*(t)$ berechnet werden muss. Für den homogenen Teil der Differentialgleichung gilt:

$$\frac{dW_*(t)}{W_*(t)} = \mu_{x+t} dt$$

und somit

$$L_h(t) = A \times \exp\left(\int_0^t \mu_{x+\tau}\, d\tau \right).$$

Mittels Variation der Konstanten erhält man:

$$L_p(t) \;=\; A(t) \times L_h(t),$$

$$\frac{d}{dt} L_p \;=\; A' \times L + A \times L'$$

$$=\; A' \times L + A \times L$$

$$=\; A' \times L + L_p,$$

$$A' \times L \;=\; v^t(c - \mu_{x+t}\, b),$$

$$A' \;=\; v^t(c - \mu_{x+t}\, b) \exp\left(-\int \mu_{x+\tau}\, d\tau\right)$$

$$=\; v^t(c - \mu_{x+t}b)\, {}_t p_x,$$

$$A(t) \;=\; \int_0^t v^\tau(c - \mu_{x+\tau}b)\, {}_\tau p_x d\tau.$$

Mit der Randbedingung $W_*(s - x) = 0$ folgt schliesslich

$$W_*(s - x) \;=\; A(s - x) \times L(s - x)$$

$$=\; \left[\int_0^{s-x} v^\tau(c - \mu_{x+\tau}b)\, {}_\tau p_x d\tau\right] \times \left[\exp\left(\int_0^{s-x} \mu_{x+\tau} d\tau\right)\right],$$

$$c \;=\; b\, \frac{\int_0^{s-x} v^\tau\, {}_\tau p_x\, \mu_{x+\tau} d\tau}{\int_0^{s-x} v^\tau\, {}_\tau p_x d\tau}.$$

Beispiel 5.3.2 (Gemischte Versicherung). Wir betrachten die Gemischte Versicherung aus Beispiel 4.8.1. Dies bedeutet eine Todesfallsumme von 200'000 Fr. bei einer Erlebensfallsumme von 100'000 Fr. Wir betrachten zudem einen 30jährigen Mann mit einem Schlussalter von 65 Jahren.

— Wie hoch ist die nötige Einmaleinlage für diese Versicherung bei einer technischen Verzinsung von 3.5 %?

— Vergleich der Resultate mit dem entsprechenden Beispiel in diskreter Zeit.

Für die Sterblichkeit benutzen wir die Werte aus (2.13). Als Erstes betrachten wir die Versicherung gegen Einmaleinlage. Es gelten die folgenden vertragsmässigen Funktionen:

$$a_{*\dagger}(x) \;=\; \begin{cases} 200000, & \text{falls} \quad x < 65, \\ 0, & \text{sonst.} \end{cases}$$

In diesem Fall lauten die Thieleschen Differentialgleichungen:

$$\frac{\partial}{\partial t} W_*(t) \;=\; v^t(c - \mu_{x+t}\, a_{*\dagger}(x + t)) + \mu_{x+t}\, W_*(t) - \mu_{x+t}\, W_\dagger(t),$$

$$\frac{\partial}{\partial t} W_\dagger(t) \;=\; 0,$$

mit den Randbedingungen $W_*(s - x) = 100000 \times v(s)$ und $W_\dagger(s - x) = 0$. Mit Hilfe von Theorem 5.2.1 erhalten wir die Resultate gemäss Tabelle 5.1.

Tabelle 5.1. Fehler durch Diskretisierung bei einer Gemischten Versicherung

Alter	$\mu_{*\dagger}(x)$	Reserve für diskr. Modell	Reserve für stetiges Modell	Diff. in %
65	0.01988	**100000**	**100000**	
64	0.01836	98392	98512	0.12
63	0.01696	96730	96955	0.23
62	0.01566	95022	95341	0.34
61	0.01446	93275	93678	0.43
60	0.01336	91498	91975	0.52
55	0.00897	82360	83092	0.89
50	0.00602	73210	74059	1.16
45	0.00404	64426	65308	1.37
40	0.00271	56236	57096	1.53
35	0.00181	48759	49566	1.65
30	0.00121	42044	42782	1.75

Es ist an dieser Stelle anzumerken, dass die Differenz des Deckungskapitals zwischen dem diskreten und dem stetigen Modell stets dasselbe Vorzeichen besitzt. Dies hängt damit zusammen, dass man im diskreten Modell annimmt, dass die Personen jeweils am Ende des Jahres sterben. Als Konsequenz werden die nötigen Einmaleinlagen kleiner.

Übung 5.3.3. – Führen Sie die Berechnungen für das obige Beispiel im Falle von periodischen Prämien durch.

– Wie entwickelt sich der Fehler, wenn man im diskreten Modell annimmt, dass die Personen stets in der Mitte des Jahres sterben?

– Was ändert sich, wenn wir annehmen, dass der Zins linear von 6% im Alter von 30 Jahren auf 3% im Alter von 65 Jahren fällt?

Übung 5.3.4. Berechnen Sie den Preis für eine Versicherung wie in Beispiel 4.8.3 in stetiger Zeit.

Beispiel 5.3.5 (Renten auf zwei Leben). 1. Leiten Sie die Thielesche Differentialgleichung für eine Rente auf zwei Leben her.

2. Berechnen Sie den Wert der verschiedenen Renten unter der Annahme, dass der Mann und die Frau unabhängig sterben.

3. Was geschieht, wenn die Sterblichkeit für den Zustand (∗∗) (bzw. (∗†) ∪ (†∗)) um 15 % pro Leben zurückgeht (bzw. sich erhöht)? (In der Realität kann man beobachten, dass Witwen und Witwer tatsächlich eine höhere Sterblichkeit aufweisen als der Rest der Bevölkerung.)

Wir beschränken uns bei obigem Beispiel darauf, die Thieleschen Differentialgleichungen herzuleiten und die Resultate in graphischer Form darzustellen.
Wir benutzen die Vorgaben von Beispiel 4.8.5. (Δt bezeichnet die Altersdif-
ferenz zwischen Mann und Frau.)

$$\frac{\partial W_{**}^{+}(t)}{\partial t} = -v^t a_{**}(t) + (\mu_{x+t}^{Mann} + \mu_{x+t+\Delta t}^{Frau})W_{**}^{+}(t)$$
$$- \mu_{x+t}^{Mann}W_{\dagger *}^{+}(t) - \mu_{x+t+\Delta t}^{Frau}W_{* \dagger}^{+}(t),$$

$$\frac{\partial W_{* \dagger}^{+}(t)}{\partial t} = -v^t a_{* \dagger}(t) + \mu_{x+t}^{Mann}\left(W_{* \dagger}^{+}(t) - W_{\dagger \dagger}^{+}(t)\right),$$

$$\frac{\partial W_{\dagger *}^{+}(t)}{\partial t} = -v^t a_{\dagger *}(t) + \mu_{x+t+\Delta t}^{Frau}\left(W_{\dagger *}^{+}(t) - W_{\dagger \dagger}^{+}(t)\right),$$

$$\frac{\partial W_{\dagger \dagger}^{+}(t)}{\partial t} = 0.$$

Abbildung 5.1 zeigt das Verhältnis der Einlagensätze bei um 15% erhöhter
bzw. verringerter Sterblichkeit. Das Resultat entspricht dem, was man erwar-
ten würde: Die Rente auf das verbundene Leben wird teurer, diejenige auf
die Anwartschaft auf das zweite Leben billiger.

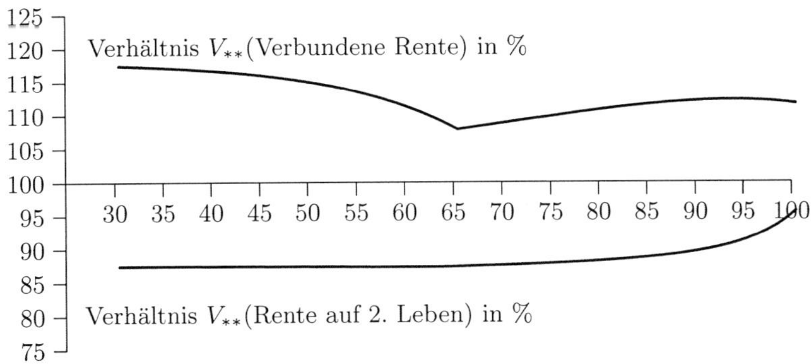

Abbildung 5.1. Verhältnis der Leistungsbarwerte für Renten auf zwei Leben bei
veränderter abhängiger Sterblichkeit (100% = unabhängiges Sterben).

Übung 5.3.6. Vervollständigen Sie das obige Beispiel.

Übung 5.3.7. 1. Berechnen Sie die Prämienbarwerte für die Versicherung
auf zwei Leben. (Auch hier sind drei Zustände zu unterscheiden.)

  2. Modellieren Sie die individuelle Waisenrente. In diesem Fall gibt es drei
  versicherte Personen: den Vater, die Mutter und das Kind. Bestimmen
  Sie die vertragsmässigen Funktionen, wenn das Kind als einfache Waise

5'000 Fr. und als Vollwaise 10'000 Fr. erhält. Die Anwartschaft (und auch die Laufzeit) auf die Waisenrente sei begrenzt bis zu dem Zeitpunkt, zu welchem das Kind 25 Jahre alt wird.

5.4 Differentialgleichungen für die höheren Momente

Die Thielesche Differentialgleichung behandelt die Deckungskapitalien, welche für eine Lebensversicherung benötigt werden. In diesem Kapitel wollen wir uns den höheren Momenten der Reserve zuwenden. Damit kann man z.B. die Varianz der Reserven berechnen. Sie sind ein Mass für deren Schwankungsbreite. Man kann auf diese Weise Lebensversicherungsprodukte auf ihre Risikoexposition hin untersuchen.

In einem ersten Schritt wollen wir uns dem diskreten Modell zuwenden und hierfür die entsprechenden Differenzengleichungen bestimmen. Für das diskrete Markovmodell sind die Geldströme gegeben durch:

$$\Delta B_t = \sum_{j \in J} I_j(t) a_j^{Pre}(t) + \sum_{j,k \in J} \Delta N_{jk}(t)\, v_t\, a_{jk}^{Post}(t),$$

wobei v_t den einjährigen Diskont vom Zeitpunkt $t+1$ nach t bezeichnet, mit $v_t = \sum_{j \in J} I_j(t) v_j(t)$.

Die prospektiven Reserven berechnen sich hier durch

$$
\begin{aligned}
V_t^+ &= \sum_{\xi=t}^{\infty} \left(\prod_{k=t}^{k<\xi} v_k \right) \Delta B_\xi \\
&= \sum_{\xi=t}^{\infty} \left(\prod_{k=t}^{k<\xi} v_k \right) \left\{ \sum_{j \in J} I_j(\xi) a_j^{Pre}(\xi) + \sum_{j,l \in J} \Delta N_{jl}(\xi)\, v_\xi\, a_{jl}^{Post}(\xi) \right\}.
\end{aligned}
$$

Das Ziel besteht nun darin, den Erwartungswert der p-ten Potenz des Deckungskapitals $((V_t^+)^p)$ gegeben $\mathcal{F}_t$ zu berechnen. Wir benutzen die Linearität des Integrals, um eine Differenzengleichung herzuleiten:

$$V_t^+ = v_t \sum_{j \in J} I_j(t+1) V_{t+1}^+ + \sum_{j \in J} I_j(t) a_j^{Pre}(t) + \sum_{j,k \in J} \Delta N_{jk}(t)\, v_t\, a_{jk}^{Post}(t).$$

Aus dieser Formel ist ersichtlich, dass sich die zukünftige Reserve aus den Verpflichtungen in der Periode $]t, t+1]$, den Verpflichtungen zur Zeit $\{t\}$ und den Verpflichtungen in der Periode $]t+1, \infty[$ zusammensetzt. Um die

Berechnung für den diskreten Fall nicht unnötig zu erschweren, nehmen wir für die folgenden Überlegungen an, dass es zur Zeit $\{t\}$ keine Verpflichtungen gibt und bezeichnen für den Moment

$$L_t = \sum_{j,k \in J} \Delta N_{jk}(t)\, v_t\, a_{jk}^{Post}(t).$$

Die Rekursion vereinfacht sich in diesem Fall zu

$$V_t^+ = v_t \sum_{j \in J} I_j(t+1) V_{t+1}^+ + L_t = \sum_{j \in J} I_j(t+1)\left(v_t\, V_{t+1}^+ + L_t\right)$$

und wir erhalten für das p-te Moment die Formel:

$$
\begin{aligned}
(V_t^+)^p &= \left(\sum_{j \in J} I_j(t+1)(v_t\, V_{t+1}^+ + L_t)\right)^p \\
&= \sum_{k=0}^{p} \binom{p}{k} \left(\sum_{j \in J} I_j(t+1) v_t\, V_{t+1}^+\right)^k L_t^{p-k} \\
&= \sum_{k=0}^{p} \binom{p}{k} \sum_{j \in J} I_j(t+1)(v_t\, V_{t+1}^+)^k L_t^{p-k},
\end{aligned}
$$

wobei wir zunutze gemacht haben, dass $I_\alpha(t+1) I_\beta(t+1) = \delta_{\alpha\beta} I_\alpha(t+1)$. Als Nächstes werden wir die Rekursion für die Erwartungswerte vereinfachen, indem wir verwenden, dass $P[A \cap B | C] = P[A | B \cap C] \times P[B | C]$. Wir erhalten:

$$
\begin{aligned}
E\left[(V_t^+)^p \mid X_t = i\right] \\
= E\left[\sum_{k=0}^{p} \binom{p}{k} (v_t^i)^k \sum_{j \in J} I_j(t+1)(V_{t+1}^+)^k L_t^{p-k} \mid X_t = i\right] \\
= \sum_{k=0}^{p} \binom{p}{k} (v_t^i)^k \sum_{j \in J} E\left[I_j(t+1)(V_{t+1}^+)^k L_t^{p-k} \mid X_t = i\right] \\
= \sum_{k=0}^{p} \binom{p}{k} (v_t^i)^k \sum_{j \in J} E\left[I_j(t+1)(V_{t+1}^+)^k \left(v_t\, a_{ij}^{Post}(t)\right)^{p-k} \mid X_t = i\right] \\
= (v_t^i)^p \sum_{j \in J} p_{ij}(t, t+1) \sum_{k=0}^{p} \binom{p}{k} \left(a_{ij}^{Post}(t)\right)^{p-k} E\left[(V_{t+1}^+)^k \mid X_{t+1} = j\right].
\end{aligned}
$$

Die obige Gleichung stellt die Differenzengleichung für die höheren Momente des Deckungskapitals im Falle fehlender vorschüssiger Leistungen dar. Es sei an dieser Stelle erwähnt, dass die Integration der vorschüssigen Leistungen $a_j^{Pre}(t)$ keine zusätzliche Komplikation darstellt, dass wir jedoch aus Gründen der Übersichtlichkeit an dieser Stelle darauf verzichten. Wir fassen die oben gewonnenen Erkenntnisse im folgenden Theorem zusammen:

Theorem 5.4.1 (Differenzengleichung für höhere Momente). *Für die höheren Momente der Reserven gilt unter den oben genannten Restriktionen die folgende Rekursion:*

$$E\left[(V_t^+)^p \mid X_t = i\right]$$
$$= (v_t^i)^p \sum_{j \in J} p_{ij}(t, t+1) \sum_{k=0}^{p} \binom{p}{k} \left(a_{ij}^{Post}(t)\right)^{p-k} E\left[(V_{t+1}^+)^k \mid X_{t+1} = j\right].$$

Übung 5.4.2. Leiten Sie die obige Formel für den Fall mit vorschüssigen Zahlungen her.

Nachdem wir den diskreten Fall betrachtet haben, wollen wir uns dem stetigen Analogon zuwenden. Die Beweise werden, bedingt durch die grössere Allgemeinheit, komplizierter. Für diesen Satz wollen wir zuerst die verschiedenen Definitionen wiederholen:

$$dB = \sum_{j \in S} I_j(t)dB_j + \sum_{j \neq k} dB_{jk},$$
$$dv_t = -v_t \times \delta_t \, dt,$$
$$\delta_t = \sum_{j \in S} I_j(t)\delta_j(t).$$

Das p-te Moment des zukünftigen Deckungskapitals ist wie folgt definiert:

$$V_j^{(p)}(t) := E\left[(V_t^+)^p \mid X_t = i\right]$$
$$= E\left[\left(\frac{1}{v_t}\int_t^\infty v \, dB\right)^p \mid X_t = j\right],$$

wobei wir implizit annehmen, dass $V_t^+ \in L^p(\Omega, \mathcal{A}, P)$ und dass die Funktionen δ, a_i und a_{jk}, μ_{jk} stückweise stetig sind. Dann gilt das folgende Theorem:

Theorem 5.4.3 (Differentialgleichung für höhere Momente). *Unter den obigen Voraussetzungen erfüllen die Funktionen $V_j^{(p)}(t)$ die folgende Differentialgleichung*

$$\frac{\partial}{\partial t} V_j^{(p)}(t) = \left(p\,\delta_j(t) + \sum_{S \ni k \neq j} \mu_{jk}(t) \right) V_j^{(p)}(t) - p\,a_j(t) V_j^{(p-1)}(t)$$

$$- \sum_{j \neq k \in S} \mu_{jk}(t) \sum_{k=0}^{p} \binom{p}{k} (a_{jk}(t))^{p-k} V_j^{(k)}(t)$$

für alle $t \in\ ]0, n[\ \setminus \mathcal{D}$ *mit den Randbedingungen*

$$V_j^{(p)}(t^-) = \sum_{k=0}^{p} \binom{p}{k} (\Delta a_j(t))^{p-k} V_j^{(k)}(t)$$

für alle $t \in \mathcal{D}$, *wobei* $\mathcal{D}$ *die Menge der Sprünge der Auszahlungsfunktion* B *bezeichnet.*

Bemerkung 5.4.4. – Die obige Differentialgleichung ist auch an denjenigen Stellen gültig, an welchen die Funktionen $V_j^{(p)}(t)$ nicht differenzierbar sind. In diesem Falle erhält man die richtige Interpretation, indem man die entsprechenden Differentiale betrachtet, welche man durch formales Multiplizieren mit dt erhält.

– Die Idee für den Beweis des obigen Theorems besteht darin, ein geeignetes Martingal auf zwei Arten darzustellen, um so eine stochastische Differentialgleichung für das Martingal zu finden. Da der Driftterm der Differentialgleichung bei einem Martingal gleich Null ist, folgt die gewünschte gewöhnliche Differentialgleichung.

Beweis. Es ist beweistechnisch günstig, die Differentialgleichung für die Grössen $W_j^{(p)}(t) = v_t^p\, V_j^{(p)}(t)$ zu zeigen. Es gilt

$$dW_j^{(p)}(t) = d(v_t^p)\, V_j^{(p)}(t) + v_t^p\, dV_j^{(p)}(t) \tag{5.1}$$

$$= -p v_t^p \sum_{j \in S} I_j(t)\delta_j(t)dt\, V_j^{(p)}(t) + v_t^p\, dV_j^{(p)}(t). \tag{5.2}$$

Als Nächstes definieren wir das folgende Martingal:

$$M^{(p)}(t) := E\left[\left(\int_0^\infty v\, dB \right)^p \Big|\ \mathcal{F}_t \right]$$

$$= E\left[\left\{ \left(\int_0^t + \int_t^\infty \right) v\, dB \right\}^p \Big|\ \mathcal{F}_t \right]$$

und

$$U_t = \int_0^t v \, dB.$$

Wegen der Markoveigenschaft gilt

$$E\left[\left\{\int_t^\infty v \, dB\right\}^{p-k} \mid \mathcal{F}_t\right] = \sum_{j \in S} I_j(t) W_j^{(p-k)}(t)$$

und wir finden mit Hilfe der Binomialformel folgendes Resultat:

$$M^{(p)}(t) = \sum_{k=0}^{p} \binom{p}{k} \sum_{j \in S} U_t^k I_j(t) W_j^{(p-k)}(t).$$

Da wir die rechtsstetige Modifikation von $M^{(p)}$ wählen, können wir davon ausgehen, dass auch U und $I_j(t)$ rechtsstetig sind. Im Folgenden werden wir die Differentialform

$$dM^{(p)}(t) = \sum_{k=0}^{p} \binom{p}{k} \sum_{j \in S} d\left(U_t^k I_j(t) W_j^{(p-k)}(t)\right)$$

weiter vereinfachen. Wir erinnern daran, dass der stetige Teil einer Funktion von beschränkter Variation mit A^{cont} und die Sprünge mit A^{atom} bezeichnet werden. Mit Hilfe der Itô-Formel erhalten wir:

$$
\begin{aligned}
&d\left(U_t^{(k)} I_j(t) W_j^{(p-k)}(t)\right) \\
&= k U_t^{(k-1)} dU_t^{cont} I_j(t) W_j^{(p-k)}(t) \\
&\quad + U_t^k dI_j^{cont}(t) W_j^{(p-k)}(t) + U_t^k I_j(t) dW_j^{(p-k),cont}(t) \\
&\quad + \left\{ U_t^k I_j(t) W_j^{(p-k)}(t) - U_{t-}^k I_j(t^-) W_j^{(p-k)}(t^-) \right\}.
\end{aligned}
\tag{5.3}
$$

Wir vereinfachen die obige Formel, indem wir die erste Zeile wie folgt ersetzen:

$$
\begin{aligned}
dU_t^{cont} &= v_t \sum_{l \in S} I_l(t) a_l(t), \\
I_\alpha(t) I_\beta(t) &= \delta_{\alpha\beta} I_\alpha(t).
\end{aligned}
$$

Zur zweiten Zeile von (5.3) ist zu bemerken, dass der stetige Teil von $I_\alpha(t)$ als Sprungfunktion verschwindet. Wir müssen uns somit nur noch Gedanken über die Sprünge machen. Diese können zweifacher Natur sein: Sie können einerseits durch mögliche Zustandswechsel bedingt sein:

$$\sum_{j \neq l \in S} \left(\{U_{t-} + v_t a_{jl}(t)\}^k \, W_l^{(p-k)}(t) - U_{t-}^k \, W_l^{(p-k)}(t^-) \right) dN_{jl}(t).$$

Andererseits können die Sprünge durch den Sprung einer Rente ausgelöst werden:

$$\sum_{l \in S} I_l(t) \left(\{U_{t-} + v_t \Delta a_l(t)\}^k \, W_l^{(p-k)}(t) - U_{t-}^k \, W_l^{(p-k)}(t^-) \right).$$

Es ist anzufügen, dass Sprünge nur auf der Menge $\mathcal{D}$ erfolgen können und dass dort $I_l(t)$ durch $I_l(t^-)$ ersetzt werden kann, da diese mit Wahrscheinlichkeit 1 übereinstimmen. Weiter kann mit Wahrscheinlichkeit 1 ein gleichzeitiger Sprung beider Komponenten ausgeschlossen werden. Wegen der fast sicheren Stetigkeit von $\int_t^n v \, dB$ für $t \notin \mathcal{D}$ ist auch $W_l^{(p-k)}(t)$ stetig und induziert keine zusätzlichen Sprünge. Wir erhalten somit:

$$d \left(U_t^{(k)} I_j(t) W_j^{(p-k)}(t) \right)$$
$$= \sum_{l \in S} I_l(t) \left(k U_t^{(k-1)} v_t a_j(t) W_j^{(p-k)}(t) + U_t^k dW_j^{(p-k),cont}(t) \right)$$
$$+ \sum_{j \neq l \in S} \left(\{U_{t-} + v_t a_{jl}(t)\}^k \, W_l^{(p-k)}(t) - U_{t-}^k \, W_l^{(p-k)}(t^-) \right) dN_{jl}(t)$$
$$+ \sum_{l \in S} I_l(t^-) \left(\{U_{t-} + v_t \Delta a_l(t)\}^k \, W_l^{(p-k)}(t) - U_{t-}^k \, W_l^{(p-k)}(t^-) \right).$$

Indem wir diese Formel in (5.3) einsetzen und verwenden, dass $X_{t-} dt = X_t \, dt$ ist, erhalten wir nach einigen Umformungen:

$$dM^{(p)}(t) - \sum_{j \neq l \in S} \sum_{k=0}^{p} \binom{p}{k} \Big(\{U_{t-} + v_t a_{jl}(t)\}^k \, W_l^{(p-k)}(t)$$
$$- U_{t-}^k \, W_l^{(p-k)}(t^-) \Big) dM_{jl}(t)$$
$$= \sum_{j \in S} I_j(t) \sum_{k=0}^{p} \binom{p}{k} \left[k U_t^{(k-1)} v_t a_j(t) W_j^{(p-k)}(t) dt + U_t^k dW_j^{(p-k),cont}(t) \right.$$
$$\left. + \sum_{j \neq l \in S} \left(\{U_t + v_t a_{jl}(t)\}^k \, W_l^{(p-k)}(t) - U_t^k W_j^{(p-k)}(t) \right) \mu_{jl}(t) dt \right]$$
$$+ \sum_{j \in S} I_l(t^-) \sum_{k=0}^{p} \binom{p}{k} \left(\{U_{t-} + v_t \Delta a_j(t)\}^k \, W_j^{(p-k)}(t) - U_{t-}^k \, W_j^{(p-k)}(t^-) \right),$$

$$\tag{5.4}$$

wobei wir ausgenutzt haben, dass

$$dM_{ij}(t) \;=\; dN_{ij}(t) - I_i(t)\,\mu_{ij}(t).$$

Beachten wir, dass

$$dW_j^{(p-k),cont}(t) \;=\; -(p-k)v_t^{(p-k)}\delta_j(t)\,dt\,V_j^{(p-k)}(t) + v_t^{(p-k)}dV_j^{(p-k),cont}(t)$$

$$(5.5)$$

ist. Nun steht auf der linken Seite von (5.4) das Differential einer Summe von Martingalen. Dies hat zur Folge, dass auch auf der rechten Seite das Differential eines Martingals steht. Da dieses previsibel und von beschränkter Variation ist, muss es konstant sein. Somit müssen die Inkremente, sowohl des stetigen als auch des diskreten Teils, exakt gleich Null sein. Dies kann jedoch nur dann geschehen, falls

$$
\begin{aligned}
0 \;=\; & \sum_{k=1}^{p}\binom{p}{k} k U_t^{(k-1)} v_t a_j(t) W_j^{(p-k)}(t)dt \\[2mm]
& + \sum_{k=0}^{p}\binom{p}{k} U_t^k W_l^{(p-k)}(t) \\[2mm]
& + \sum_{k=0}^{p}\binom{p}{k} \sum_{j\neq l\in S}\sum_{r=0}^{k}\binom{k}{r} U_t^{(r)}\{v_t a_{jl}(t)\}^{k-r}\, W_l^{(p-k)}(t)\mu_{jl}(t)dt \\[2mm]
& - \sum_{k=0}^{p}\binom{p}{k} U_t^k W_j^{(p-k)}(t)\left(\sum_{j\neq l\in S}\mu_{jl}(t)\right)dt
\end{aligned}
\qquad (5.6)
$$

für alle $j\in S$ und alle $t\in\,]0,n[\,\setminus\,\mathcal{D}$. Für $x\in\mathcal{D}$ gilt:

$$0 = \sum_{k=0}^{p}\binom{p}{k}\left(\sum_{r=0}^{k}\binom{k}{r} U_{t^-}^{(r)}\{v_t\Delta a_l(t)\}^{k-r} W_j^{(p-k)}(t) - U_{t^-}^{(k)} W_j^{(p-k)}(t^-)\right).$$

Da

$$\binom{p}{k} k = \binom{p}{k-1}(p-(k-1))$$

ist, vereinfacht sich die erste Zeile von Formel (5.6) zu

$$\sum_{k=1}^{p}\binom{p}{k-1}(p-(k-1))U_t^{(k-1)} v_t a_j(t) W_j^{(p-1-(k-1))}(t)dt$$

$$= \sum_{k=0}^{p}\binom{p}{k}(p-k)U_t^{(k)} v_t a_j(t) W_j^{(p-1-k)}(t)dt,$$

wobei wir $W_j^{(-1)} \equiv 0$ setzen. Die dritte Zeile von (5.6) entspricht somit:

$$\sum_{k=0}^{p} U_t^{(r)} \sum_{r=0}^{k} \binom{p}{k}\binom{k}{r} \sum_{j\neq l\in S} \{v_t a_{jl}(t)\}^{k-r} W_l^{(p-k)}(t)\mu_{jl}(t)dt.$$

Da

$$\binom{p}{k}\binom{k}{r} = \binom{p}{r}\binom{p-r}{k-r}$$

ist, erhalten wir schliesslich

$$\sum_{r=0}^{p} \binom{p}{r} U_t^{(r)} \sum_{k=r}^{p} \binom{p-r}{k-r} \sum_{j\neq l\in S} \{v_t a_{jl}(t)\}^{r} W_l^{(p-k-r)}(t)\mu_{jl}(t)dt$$

und somit

$$\sum_{k=0}^{p} \binom{p}{k} U_t^{(k)} \sum_{r=0}^{p-k} \binom{p-k}{r} \sum_{j\neq l\in S} \{v_t a_{jl}(t)\}^{r} W_l^{(p-k-r)}(t)\mu_{jl}(t)dt.$$

Wenn wir die so gewonnenen Gleichungen zusammenfügen und nach den Potenzen von U_t ordnen, erhalten wir

$$0 = \sum_{k=0}^{p} \binom{p}{k} U_t^{(k)} dQ_j^{(p-k)}(t),$$

mit

$$\begin{aligned}
dQ_j^{(q)}(t) &= q v_t a_j(t) W_j^{(q-1)}(t)dt + dW_j^{(q),cont}(t) \\
&\quad + \sum_{k=0}^{q} \binom{q}{k} \sum_{j\neq l\in S} \{v_t a_{jl}(t)\}^{k} W_l^{(q-k)}(t)\mu_{jl}(t)dt \\
&\quad - W_j^{(q)}(t) \sum_{j\neq l\in S} \mu_{jl}(t)\, dt.
\end{aligned}$$

Aus der obigen Gleichung folgt nun $dQ_j^{(0)}(t) \equiv 0$ und mittels vollständiger Induktion auch $dQ_j^{(q)}(t) \equiv 0$. Mit Hilfe der obigen Formel und den Gleichungen (5.1) und (5.5) folgt das gewünschte Resultat.

5.5 Die Verteilungsfunktion des Deckungskapitals

Mit Hilfe der Verteilungsfunktionen lassen sich auch Fragen beantworten, welche nur die Schwänze der Verteilungen betreffen. Dies ist zur Abschätzung von Extremalrisiken wichtig.

Das folgende Kapitel ist ähnlich strukturiert, wie das vorangegangene. Zuerst lösen wir das Problem in diskreter Zeit. Dann wenden wir uns dem zeitstetigen Fall zu.

Wir erinnern daran, dass für das diskrete Markovmodell die Geldströme durch

$$\Delta B_t = \sum_{j \in J} I_j(t) a_j^{Pre}(t) + \sum_{j,k \in J} \Delta N_{jk}(t) \, v_t \, a_{jk}^{Post}(t)$$

gegeben sind. Das Ziel ist es, die Verteilungsfunktion der diskontierten zukünftigen Zahlungsströme

$$P_i(t,u) = P\left[\sum_{j=t}^{\infty} (\prod_{k=t}^{k<j} v_k) \, \Delta B_j < u | X_t = i \right]$$

zu berechnen. Es gelten die folgenden Identitäten:

$$
\begin{aligned}
P_i(t,u) &= P\left[\sum_{j=t}^{\infty} D_{t,j} \, \Delta B_j < u | X_t = i \right] \\
&= \sum_{l \in J} p_{il}(t) \, P\left[\sum_{j=t}^{\infty} D_{t,j} \, \Delta B_j < u | X_t = i, X_{t+1} = l \right] \\
&= \sum_{l \in J} p_{il}(t) P\left[v_{i,t} \sum_{j=t+1}^{\infty} D_{t,j} \, \Delta B_j < u - a_i^{Pre}(t) \right. \\
&\qquad\qquad\qquad \left. - v_{i,t} \, a_{il}^{Post}(t) | X_{t+1} = l \right] \\
&= \sum_{l \in J} p_{il}(t) \, P_l(t+1, v_{l,t}^{-1}(u - a_i^{Pre}(t)) - a_{il}^{Post}(t)), \text{ wobei}
\end{aligned}
$$

$$D_{t,j} = \prod_{k=t}^{k<j} v_k.$$

Wir können den obigen Zusammenhang in folgendem Satz zusammenfassen:

Theorem 5.5.1 (Verteilungsfunktionen der Reserven). *Für die Verteilungsfunktionen der Reserven gilt die folgende Rekursion:*

$$P_i(t, u) \;=\; \sum_{j \in J} p_{ij}(t)\, P_j\!\left(t + 1, v_{i,t}^{-1}(u - a_i^{Pre}(t)) - a_{ij}^{Post}(t)\right).$$

Zusätzlich zu den Rekursionsformeln benötigen wir auch Randbedingungen. Im Gegensatz zu den vorangegangenen Problemen sind diese Randbedingungen nicht mehr Randbedingungen im Sinne von Punkten, sondern die Randbedingung ist die entsprechende Randverteilung. Im Falle einer Versicherung, bei welcher das Deckungskapital am Schluss gleich Null wird, ist die Randbedingung z.B. gegeben durch: (ω bezeichnet das letzte Alter mit Lebenden.)

$$P_i(\omega + 1, u) = \left\{ \begin{array}{ll} 0, & \text{falls } u \leq 0, \\ 1, & \text{falls } u > 0. \end{array} \right.$$

Abbildung (5.2) zeigt die Verteilungsfunktion einer Altersrente im diskreten Modell. Die Sprungstellen, welche durch das diskrete Modell erzeugt werden, sind sehr schön ersichtlich.

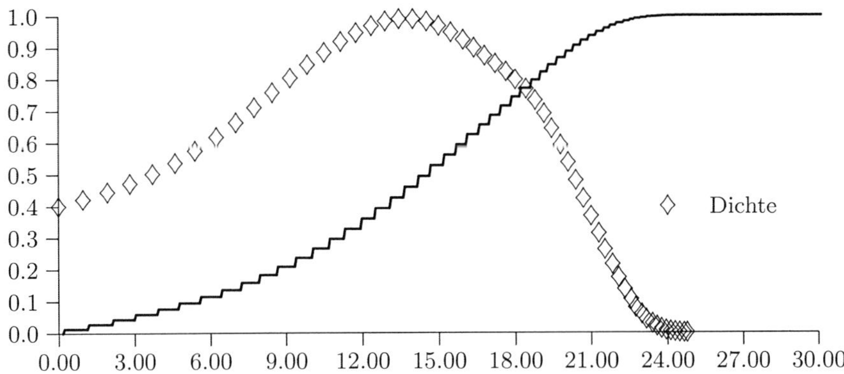

Abbildung 5.2. Verteilungsfunktion der diskontierten Zahlungsströme einer lebenslänglichen Altersrente (x=65) im diskreten Modell

In den vorangegangenen Kapiteln haben wir gesehen, dass sich die Erwartungswerte der Momente der Deckungskapitalien mit Hilfe von Differentialgleichungen finden lassen. Bei genügend regulären Zahlungsströmen konnte man auch die Differenzierbarkeit der Momente beweisen.

In Analogie könnte man nun versuchen, Differentialgleichungen für die Verteilungsfunktionen zu finden. Das folgende Beispiel zeigt uns, dass die Situation im Falle von Verteilungsfunktionen nicht ganz so einfach ist:

Beispiel 5.5.2. Das folgende Beispiel soll zeigen, dass selbst bei vergleichsweise einfachen Versicherungstypen die Verteilungsfunktion nicht stetig sein

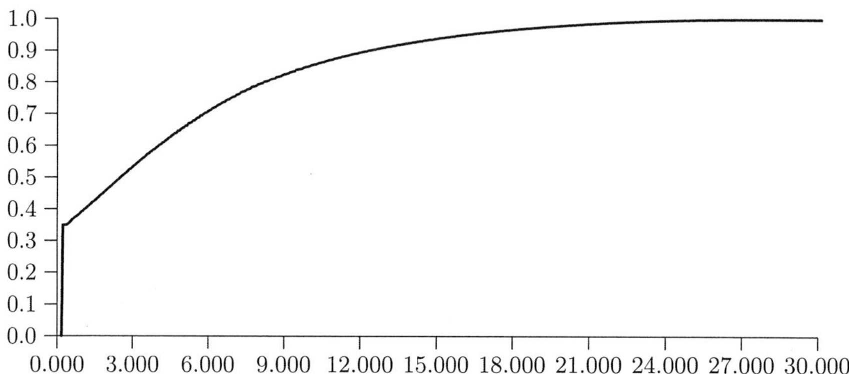

Abbildung 5.3. Verteilungsfunktion der diskontierten Zahlungsströme einer anwartschaftlichen Witwenrente (x=65) im stetigen Modell

muss. Hierzu betrachten wir die Gemischte Versicherung, bei welcher im Todesfall 100'000 Fr. und im Erlebensfall mit 65 Jahren 200'000 Fr. fällig werden. Wir nehmen hierzu an, dass wir das Deckungskapital für das Alter 30 Jahre berechnen wollen. Mit T_x bezeichnen wir die zukünftige Lebensdauer. Dann gelten die folgenden Gleichungen:

$$V_{30} \;=\; \begin{cases} 100000 \times v^{T_x}, & \text{falls } \; T_x < 35, \\ 200000 \times v^{65-30}, & \text{falls } \; T_x \geq 35. \end{cases}$$

Wenn wir nun einen technischen Zinssatz von 1.5 % voraussetzen, gilt für $0 < \alpha \leq 100000$ die folgende Gleichung:

$$\begin{aligned} P[V_{30} < \alpha] \;&=\; P[100000v^{T_x} < \alpha, \, T_x < 35] \\ &=\; P[35 > T_X > \log(\alpha/100000)/\log(v)] \\ &=\; {}_\gamma p_x - {}_{35}p_x, \text{wobei} \\ \gamma \;&=\; \log(\alpha/100000)/\log(v). \end{aligned}$$

Aus diesen Berechnungen wird deutlich, dass die Verteilungsfunktion an der Stelle $200000v^{35}$ einen Sprung der Höhe ${}_{35}p_x$ macht und somit dort unstetig ist.

Das folgende Theorem zeigt uns, dass die Verteilungsfunktionen eine bestimmte Integralgleichung erfüllen. Es sei an dieser Stelle angemerkt, dass die Integralgleichung durch die Rekursion in diskreter Zeit approximativ gelöst werden kann.

Theorem 5.5.3. *Die bedingten Verteilungsfunktionen der Reserven*

$$P_j(t,u) = P\left[\int_t^\infty \exp\left(-\int_t^\xi \delta_\tau \, d\tau \right) dB(\xi) \leq u \,|\, X_t = j \right]$$

erfüllen die folgenden Integralgleichungen:

$$P_j(t,u) = \sum_{k \neq j} \int_t^\infty \exp\left(-\int_t^\xi \sum_{l \neq j} \mu_{jl}(\tau)d\tau\right) \mu_{jk}(\xi)$$

$$\times P_k\left(\xi, \exp(\delta_j(\xi - t))u - \int_t^\xi \exp(\delta_j(\xi - \tau))dB_j(\tau) - a_{jk}(s)\right) d\xi$$

$$+ \exp\left(-\int_t^\infty \sum_{l \neq j} \mu_{jl}(\tau)d\tau\right) \chi_{[\int_t^n \exp(-\delta_j(\tau - t))dB_j(\tau) \leq u]}. \tag{5.7}$$

Beweis. Der Beweis folgt dem diskreten Fall, indem man das Ereignis

$$A = \left\{\int_t^\infty \exp\left(-\int_t^\xi \delta\right) dB(\xi) \leq u\right\}$$

betrachtet und sich überlegt, was sich in den verschiedenen Fällen ereignen kann. Wir überlassen den Beweis dem Leser und verweisen gleichzeitig auf [HN96].

Übung 5.5.4. Vervollständigen Sie den Beweis des obigen Satzes. [HN96]

Nachdem wir die Integralgleichung für die Verteilungsfunktionen hergeleitet haben, wollen wir die entsprechenden Gleichungen noch ein wenig modifizieren. Das Problem bei dem Lösen dieser Integralgleichungen besteht darin, dass die rechte Seite der Gleichung von t abhängt. Um dieses Problem zu vermeiden, definieren wir:

$$Q_j(t,u) := P_j\left(t, \exp(\delta_j t)\left(u - \int_0^t \exp(-\delta_j \tau)dB_j(\tau)\right)\right).$$

Die Abbildung von P nach Q ist wie folgt umkehrbar:

$$P_j(t,u) = Q_j\left(t, \exp(-\delta_j t)u + \int_0^t \exp(-\delta_j \tau)dB_j(\tau)\right).$$

Es ist einfach, mit Hilfe der Q_j die folgende Gleichung zu beweisen:

$$\exp\left(-\int_0^t \mu_j\right) Q_j(t,u) = \int_t^n \exp\left(-\int_0^s \mu_j\right) \sum_{k \neq j} \mu_{jk}(s)$$

$$\times Q_k\left(s, \exp((\delta_j - \delta_k)s)u + \int_0^s \exp(-\delta_k \tau)dB_k(\tau)\right.$$

$$-\exp((\delta_j - \delta_k)s) \int_0^s \exp(-\delta_j \tau)dB_j(\tau) - \exp(-\delta_k s)a_{jk}(s)\bigg)ds$$

$$+\exp\left(-\int_0^n \mu_j\right) \chi_{\left[\int_0^n \exp(-\delta_j(\tau))dB_j(\tau) \leq u\right]}.$$

Theorem 5.5.5. *Die Funktionen Q erfüllen die folgenden Differentialgleichungen (im Sinne Stieltjesscher Differentiale):*

$$d_t Q_j(t,u) = \mu_j\, dt\, Q_j(t,u) - \sum_{k \neq j} \mu_{jk}\, dt$$

$$\times\quad Q_k\left(t, \exp((\delta_j - \delta_k)t)\, u + \int_0^t \exp(-\delta_k \tau)dB_k(\tau)\right.$$

$$-\quad \exp((\delta_j - \delta_k)t) \int_0^t \exp(-\delta_j \tau)dB_j(\tau) - \exp(-\delta_k t)\, a_{jk}(t)\bigg),$$

mit den Randbedingungen

$$Q_j(n,u) = \chi_{\left[\int_0^n \exp(-\delta_j \tau)dB_j(\tau) \leq u\right]}.$$

Bemerkung 5.5.6. Der Vorteil von Theorem 5.5.5 liegt darin, dass die entsprechenden Gleichungen numerisch besser gelöst werden können. Die Strategie besteht darin, zuerst Lösungen für Q zu bestimmen. In einem zweiten Schritt wird P ausgehend von Q berechnet.

6. Beispiele und Probleme aus der Praxis

6.1 Einleitung

In diesem Kapitel wollen wir einige Probleme aus der Praxis genauer untersuchen. Zudem dienen die Beispiele dazu, die Möglichkeiten des Markovmodells zu illustrieren und ein paar Tricks für die Modellierung aufzuzeigen. Angesichts der Tatsache, dass in der Praxis hauptsächlich das diskrete Modell verwendet wird, wollen wir die Beispiele auf diesem Modell aufbauen.

Neben den Gegebenheiten, welche durch das Modell induziert werden, müssen auch die Usanzen, welche aus der Praxis resultieren, beachtet werden. Dies hängt einerseits damit zusammen, dass man ein Modell anstrebt, welches auch die Vergangenheit abbilden kann. Andererseits ist es oft so, dass bestimmte Formeln aufgrund von Abmachungen fixiert sind. So kommt es nicht von ungefähr, dass wir in diesem Kapitel auch gegebene Formeln mittels der Vertragsfunktionen nachvollziehen wollen.

6.2 Unterjährige Zahlungen

Als Erstes wollen wir uns dem Problem der unterjährigen Renten zuwenden. Um dieses Problem zu verstehen, muss man wissen, dass die in der Praxis betrachtete Zeitdifferenz normalerweise 1 Jahr beträgt. Andererseits werden Altersrenten oft unterjährig ausbezahlt. Wir wollen im Folgenden eine 4/4 vorschüssige Altersrente betrachten. Dies bedeutet, dass der Versicherungsnehmer alle 3 Monate eine Rente der Höhe $\frac{1}{4}$ erhält. Wir nehmen für den Moment an, dass die Sterbewahrscheinlichkeit für dieses Jahr q_x beträgt, und dass die Sterbewahrscheinlichkeit $q_x^{[4]}$ für das Vierteljahr dem folgenden Gesetz folgt:

$$(1 - q_x^{[4]})^4 = 1 - q_x.$$

Dies bedeutet, dass die Sterbeintensität während des ganzen Jahres konstant ist. Im zeitdiskreten Modell, bei welchem wir einen Zeitschritt von 3 Monaten voraussetzen, ist die laufende, vorschüssige Rente durch die folgende Vertragsfunktion gegeben:

M. Koller, *Stochastische Modelle in der Lebensversicherung*, 2nd ed.,
Springer-Lehrbuch, DOI 10.1007/978-3-642-11252-2_6,

$$a_*(t) = \frac{1}{4}.$$

Andererseits gilt die Rekursion:

$$V_*(t) = a_*(t) + (1 - q_x^{[4]})v^{\frac{1}{4}}\, V_*(t + \frac{1}{4}).$$

Wir leiten jetzt die Rekursion für ein ganzes Jahr her. Es gelten die folgenden Gleichungen:

$$
\begin{aligned}
V_*(t) &= a_*(t) + (1 - q_x^{[4]})v^{\frac{1}{4}}\, V_*(t + \frac{1}{4}) \\[2mm]
&= a_*(t) \times \sum_{k=0}^{3} \left((1 - q_x^{[4]})v^{\frac{1}{4}} \right)^k + (1 - q_x)v\, V_*(t + 1) \\[2mm]
&= a_*(t) \times \frac{1 - (1 - q_x)v}{1 - \left((1 - q_x^{[4]})v^{\frac{1}{4}} \right)} + (1 - q_x)v\, V_*(t + 1) \\[2mm]
&\approx \frac{5}{8} + (1 - q_x)v \left(\frac{3}{8} + V_*(t + 1) \right),
\end{aligned}
$$

wobei wir bei dem letzten Schritt die Taylorentwicklung von f um $z = 1$ benutzt haben:

$$
\begin{aligned}
f(z) &= \frac{1}{4}\left(1 + z^{0.25} + z^{0.50} + z^{0.75} \right), \\[2mm]
f(1) &= 1, \\[2mm]
\frac{d}{dz}f(z)\big|_{z=1} &= \frac{3}{8}, \\[2mm]
f(z) &\approx 1 + \frac{3}{8}(z - 1) \\[2mm]
&= \frac{5}{8} + \frac{3}{8}z.
\end{aligned}
$$

Aus dem obigen Beispiel haben wir gesehen, wie unterjährige Zahlungen in einem Modell mit Zeitschrittweite 1 Jahr behandelt werden können. Es sei an dieser Stelle angemerkt, dass die oben hergeleitete Approximation genau derjenigen entspricht, welche normalerweise in einem Modell mit Kommutationszahlen benutzt wird. Weiterhin soll angemerkt werden, dass sich die obigen Überlegungen vollständig auf Versicherungen auf zwei Leben usw. übertragen lassen.

Übung 6.2.1.   1. Wie kann das obige Verfahren bei einem Zeitintervall von 1 Jahr auf eine anwartschaftliche Invalidenrente mit 3 Monaten Wartefrist übertragen werden?

2. Berechnen Sie die entsprechenden Approximationen für eine sofort beginnende, vierteljährlich vorschüssige Altersrente auf zwei Leben (für den Zustand $**$).

3. Das obige Beispiel kann auch gelöst werden, indem man versucht, die exakte Lösung in zwei Terme der Form $(1 - q_x)$ bzw. v zu entwickeln. Wie lautet die Lösung in diesem Fall?

Beachten Sie, dass es bei dem obigen Vorgehen nicht unbedingt erforderlich ist, dass alle unterjährigen Zahlungen dieselbe Höhe haben.

Beispiel 6.2.2. Im folgenden Beispiel berechnen wir den Fehler des Deckungskapitals, welcher durch die Approximation für eine vierteljährlich vorschüssige Rente entsteht. Die Sterbewahrscheinlichkeiten entsprechen (2.13). Die Resultate der Berechnung finden sich in Tabelle 6.1. Hieraus ist ersichtlich, dass der Fehler für den normalen Altersbereich unter 85 Jahren sehr klein bleibt.

Tabelle 6.1. Fehler bei Renten durch Approximation der unterjährigen Zahlungen

x	Anteil p.a. exakt	Anteil p.a. approx.	Total exakt	Total approx.	Fehler Total
114	0.4436	0.6421	0.4436	0.6421	44.7533%
113	0.5298	0.6681	0.5808	0.7420	27.7533%
112	0.5874	0.6922	0.6915	0.8253	19.3363%
111	0.6323	0.7145	0.7973	0.9115	14.3198%
110	0.6692	0.7351	0.9033	1.0027	11.0058%
105	0.7917	0.8170	1.4893	1.5472	3.8884%
100	0.8614	0.8724	2.2214	2.2597	1.7228%
95	0.9047	0.9098	3.1358	3.1630	0.8654%
90	0.9325	0.9351	4.2484	4.2687	0.4773%
85	0.9508	0.9521	5.5575	5.5733	0.2846%
80	0.9629	0.9636	7.0436	7.0564	0.1817%
75	0.9709	0.9714	8.6713	8.6820	0.1231%
70	0.9763	0.9766	10.3937	10.4028	0.0879%
65	0.9799	0.9801	12.1588	12.1667	0.0656%
60	0.9823	0.9825	13.9156	13.9227	0.0508%
50	0.9850	0.9851	17.2341	17.2399	0.0335%

6.3 Garantierte Renten

Als Nächstes wollen wir uns kurz dem Problem der garantierten Renten zuwenden. Dieser Typ der Altersrente erfüllt das Bedürfnis, bei einem vorzeitigen Tod nicht alles zu verlieren. Dies bedeutet, dass der Versicherungsnehmer mit dem Eintritt in den Rentenbezug die garantierte Anwartschaft auf eine bestimmte Anzahl von Renten erhält. Technisch entspricht dieses Versprechen der Anpassung der Sterbewahrscheinlichkeiten für die versicherte Person während der Garantiezeit.

Dieses Problem kann jedoch auch wie folgt gelöst werden. Wir gehen hierzu von einer garantierten Altersrente (Garantiedauer ab 65 für 10 Jahre) aus, welche ab dem 65. Lebensjahr gezahlt wird. Für die normale Altersrente sind die nichttrivialen Vertragsfunktionen gegeben durch

$$a_*(t) = \begin{cases} 0, & \text{falls} \quad t < 65, \\ 1, & \text{falls} \quad t \geq 65. \end{cases}$$

Betrachtet man nun eine garantierte Altersrente, ist es nötig, den Zustand † zu unterteilen in Tod vor 65 (symbolisch: $†_<$) und in Tod nach 65 ($†_\geq$). In diesem Fall lauten die massgebenden Übergangswahrscheinlichkeiten wie folgt:

$$\begin{aligned} p_{**}(x) &= 1 - q_x, \\ p_{*†_<}(x) &= \begin{cases} q_x, & \text{falls} \quad t < 65, \\ 0, & \text{falls} \quad t \geq 65, \end{cases} \\ p_{*†_\geq}(x) &= \begin{cases} 0, & \text{falls} \quad t < 65, \\ q_x, & \text{falls} \quad t \geq 65, \end{cases} \\ p_{†_<†_<}(x) &= 1, \\ p_{†_\geq†_\geq}(x) &= 1. \end{aligned}$$

Die nichttrivialen Vertragsfunktionen lauten nun wie folgt: (wir gehen von einer 1/1 vorschüssigen Altersrente aus.)

$$\begin{aligned} a_*(t) &= \begin{cases} 0, & \text{falls} \quad t < 65, \\ 1, & \text{falls} \quad t \geq 65, \end{cases} \\ a_{†_\geq}(t) &= \begin{cases} 1, & \text{falls} \quad t \in [65; 75[, \\ 0, & \text{sonst.} \end{cases} \end{aligned}$$

Zur Illustration betrachten wir zwei Beispiele für garantierte Renten.

Beispiel 6.3.1. Das folgende Beispiel soll den Verlauf des Deckungskapitals für einen 65jährigen Mann illustrieren. Wir gehen von einer 15jährigen Garantiezeit aus: (Sterblichkeit nach GRM 1995, 1/1-vorschüssig, $\omega = 121$)

Alter	Einlagesatz mit Garantie	Einlagesatz ohne Garantie	Verhältnis in %
121	10000	10000	100 %
120	14694	14694	100 %
110	27143	27143	100 %
100	42031	42031	100 %
90	65298	65298	100 %
80	91840	91840	100 %
75	124057	107387	116 %
70	151184	124817	121 %
65	174024	142454	122 %

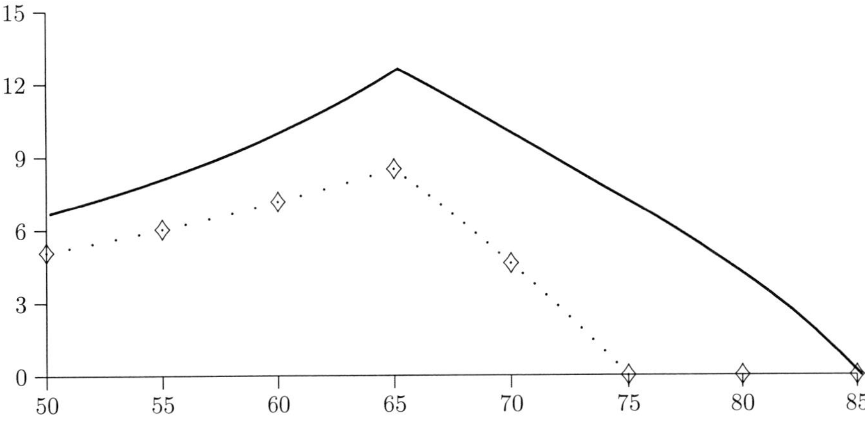

Abbildung 6.1. Garantierte temporäre Rente ($\Diamond$ = Garantierter Teil)

Abbildung 6.1 zeigt das Deckungskapital einer temporären (20 Jahre) für 10 Jahre garantierten, sofort beginnenden Altersrente.

6.4 Rückgewähr

Die Erlebensfallversicherungen mit Rückgewähr stellen eine besondere Art der Versicherung dar, bei welcher der Versicherungsnehmer bei dem Todesfall einen Teil der einbezahlten Prämien zurückerhält. Die Arten der Rückgewähr umfassen unter anderem folgende Typen:

1. Rückgewähr der bezahlten Prämien vor Fälligkeit der Altersrente,

2. Rückgewähr der bezahlten Prämien abzüglich der ausbezahlten Leistungen, (Vollständige Rückgewähr)

3. Rückgewähr des vorhandenen Deckungskapitals vor oder auch während der Fälligkeit der Altersrente.

Die ersten beiden Arten der Rückgewähr kann man sich als zusätzliche Todesfalldeckung vorstellen. Diese Typen der Rückgewähr werden von der Versicherungsindustrie schon seit langem verkauft. Dies ist auch der Grund, weshalb wir uns auf die dritte Art der Rückgewähr konzentrieren wollen. Auch für diese Art der Rückgewähr sind verschiedene Ausgestaltungen denkbar.

Beispiel 6.4.1 (Rückgewähr des Deckungskapitals). Bevor wir mit der Tarifierung dieser Versicherung beginnen, stellen wir uns die Situation vor, bei welcher im Todesfall das Deckungskapital als Rückgewährsumme versichert ist. In diesem Fall gilt die folgende Rekursion:

$$V_*(x) = 1 + p_{**}(x) \, v \, V_*(x+1) + p_{*\dagger}(x) \, V_*(x).$$

(Wir nehmen hier an, dass das Deckungskapital für die Rückgewähr zu Beginn der Periode ausbezahlt werde.) Wir erhalten durch eine einfache Umformung die folgende modifizierte Rekursion:

$$V_*(x) = \frac{1 + p_{**}(x) \, v \, V_*(x+1)}{(1 - p_{*\dagger}(x))}.$$

Mit der obigen Formel haben wir das Problem für den Fall der Einmaleinlage gelöst. Für den Fall von periodischen Prämien ist es nötig, eine kompliziertere Gleichung zu lösen. Dies geschieht am einfachsten mit Hilfe numerischer Methoden.

Tabelle 6.2 zeigt einen Vergleich der Einmaleinlagen für die verschiedenen Möglichkeiten der Rückgewähr bei Altersrenten. Bei der Rückgewähr des Deckungskapitals endet diese mit der Fälligkeit der Rente. Abbildung 6.2 zeigt denselben Vergleich im Fall von prämienpflichtigen Versicherungen.

Tabelle 6.2. Vergleich verschiedener Arten der Rückgewähr (KT 1995, $s = 65$, Mann)

Alter	Rückgewähr des DK	Rückgewähr der Einlage	Vollständige Rückgewähr
40	5.86921	5.50680	5.58673
45	6.97078	6.64053	6.78605
50	8.27910	8.01191	8.27932
55	9.83297	9.65914	10.15667
60	11.67848	11.61117	12.55151
65	13.87038	13.87038	15.69276

Beispiel 6.4.2. Das nächste Beispiel ist etwas ausgefallener. Versichert ist eine anwartschaftliche Witwenrente gegen Einmaleinlage mit Rückgewähr des Deckungskapitals bevor der Mann ein Alter von 85 Jahren erreicht hat, bei dem Tod der Frau oder dem gleichzeitigen (innerhalb eines Jahres) Tod des Mannes und der Frau. In diesem Fall lautet die Rekursion wie folgt:

$$V_{(**)}(x) = \frac{v \left(p_{(**)(**)} \, V_{(**)}(x+1) + p_{(**)(\dagger*)} \, V_{(\dagger*)}(x+1) \right)}{(1 - p_{(**)(*\dagger)}(x) - p_{(**)(\dagger\dagger)}(x))}.$$

Abbildung 6.3 zeigt die Lösung der obigen Gleichungen in grafischer Form. Hierbei wird deutlich sichtbar, dass die Rückgewähr nur bis zum Alter von 85 Jahren gewährt wird. Danach wird die normale Rekursionsgleichung verwendet.

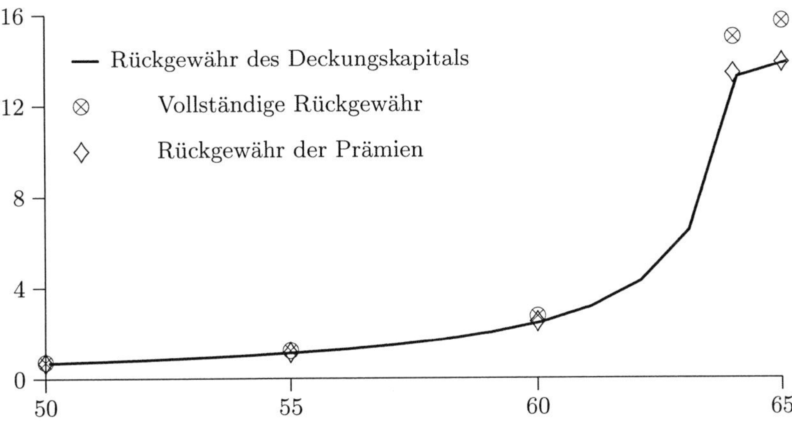

Abbildung 6.2. Deckungskapitalien von lebenslänglichen Altersrenten mit Rückgewähr gegen Prämienzahlung

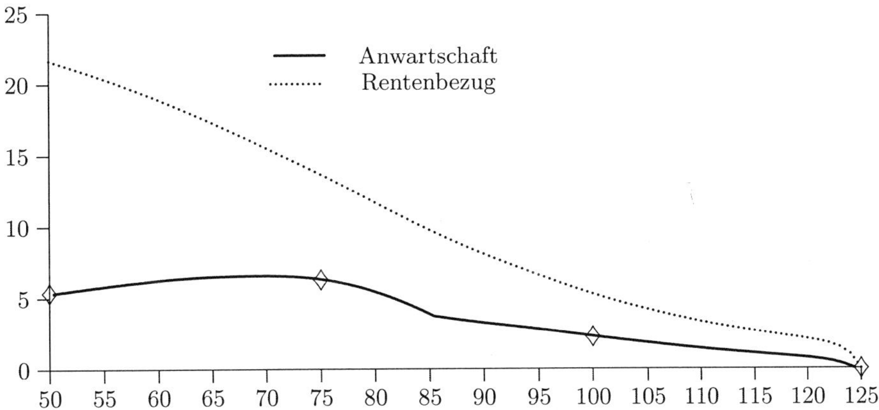

Abbildung 6.3. Deckungskapital einer Witwenrente mit Rückgewähr

6.5 Kapitalversicherungen mit stochastischem Zins

In diesem Abschnitt wollen wir Versicherungen mit stochastischen Zinsen betrachten. Es soll hier darum gehen, die Methoden, welche wir angetroffen haben, ein wenig zu illustrieren. Bei den verwendeten Zinsmodellen geht es in erster Linie darum, Beispiele aufzuzeigen. Sie erheben keinen Anspruch darauf, die Realität widerzuspiegeln. Wir betrachten die Gemischte Versicherung aus Beispiel 4.2.1 und gehen von einem 30jährigen Mann aus, welcher eine Todesfallsumme der Höhe 200'000 Fr. versichert hat und im Erlebensfall 100'000 Fr. erhält. Wir wollen sowohl die Versicherung gegen Einmaleinlage als auch gegen Jahresprämie betrachten.

Es sollen die folgenden Zinsmodelle betrachtet werden:

1. Ein konstanter technischer Zins von 5%.

2. Ein Zinsmodell, welches einen zyklischen Wirtschaftsverlauf modelliert.

3. Ein Random-Walk-Modell für die Zinsen.

Beispiel 6.5.1 (Zinsmodelle). Um die obige Aufgabenstellung lösen zu können, müssen in einem ersten Schritt die verschiedenen Zinsmodelle ausgearbeitet werden. Zum konstanten Zinssatz ist nichts zu sagen.

Zyklischer Wirtschaftsverlauf: Wir gehen davon aus, dass es einen achtjährigen Wirtschaftszyklus gibt und modellieren das Zinsgeschehen wie folgt:

Zustand	Bemerkung	Jahreszins	p_{ii}	p_{ii+1}	p_{ii+2}
0	Ausgangslage	5.0 %	0.1	0.7	0.2
1	Steigender Zins	5.5 %	0.1	0.7	0.2
2	Max. Zins	6.0 %	0.1	0.7	0.2
3	Fallender Zins	5.5 %	0.1	0.7	0.2
4	Mittelwert	5.0 %	0.1	0.7	0.2
5	Fallender Zins	4.5 %	0.1	0.7	0.2
6	Min. Zins	4.0 %	0.1	0.7	0.2
7	Steigender Zins	4.5 %	0.1	0.7	0.2

Dem obigen Modell zufolge bewegt sich der Zins in Zyklen, wobei der Zufall für einen beschleunigten oder verlangsamten Zyklus sorgt.

Random Walk: Es wird ein Random-Walk-Modell betrachtet mit Modifikation an den Rändern:

Zustand	Bemerkung	Jahreszins	p_{ii-1}	p_{ii}	p_{ii+1}
0	Min. Zins	4.0 %	0.0	0.5	0.5
1		4.3 %	0.4	0.2	0.4
2		4.7 %	0.4	0.2	0.4
3	Ausgangslage	5.0 %	0.4	0.2	0.4
4		5.3 %	0.4	0.2	0.4
5		5.7 %	0.4	0.2	0.4
6	Max. Zins	6.0 %	0.5	0.5	0.0

Wir gehen bei beiden Modellen davon aus, dass der aktuelle Zins 5% beträgt.

Als Nächstes wollen wir unser Modell dahingehend vereinfachen, dass wir den technischen Zinssatz nur für den Übergang $* \rightsquigarrow *$ stochastisch modellieren. Wir verwenden für den Übergang $* \rightsquigarrow \dagger$ also stets einen technischen Zinssatz von 5%.

Beispiel 6.5.2 (Einlagen und Prämien). Um die Einlagen und Prämien zu berechnen, ist es notwendig, die Rekursion für die verschiedenen Zinsmodelle durchzuführen:

Konstanter Zins In diesem Fall beträgt die Prämie $P = 24755/16.77946 = 1475.30$ Fr. p.a., und es ergeben sich die folgenden Resultate:

Alter	Leistungs- barwert	Prämien- barwert	DK bei Einlage	DK bei Prämie
65	100000	0.00000	100000	100000
64	96510	1.00000	96510	95035
60	83599	4.45585	83599	77026
55	69535	7.84428	69535	57963
50	57483	10.49434	57483	42000
45	47219	12.59982	47219	28631
40	38554	14.28589	38554	17478
35	31305	15.64032	31305	8231
31	25974	16.57022	25974	1528
30	24755	16.77946	24755	0

Zyklischer Zins: In diesem Fall beträgt die Prämie $P = 24630/16.65234 = 1479.07$ Fr. p.a.

Alter	Leistungs-barwert $i_t = 4\%$	Leistungs-barwert $i_t = 5\%$	Leistungs-barwert $i_t = 6\%$	DK bei Prämie $i_t = 5\%$
65	100000	100000	100000	100000
64	97414	95624	96510	95035
60	83854	83369	82536	76004
55	70204	68904	68923	57431
50	57834	57170	57128	41766
45	47482	46996	46812	28368
40	38832	38316	38233	17323
35	31517	31130	31072	8181
31	26145	25838	25761	1509
30	24914	24630	24558	0

Random Walk: In diesem Fall beträgt die Prämie $P = 24936/16.81204 = 1483.20$ Fr. p.a.

Alter	Leistungs-barwert $i_t = 4\%$	Leistungs-barwert $i_t = 5\%$	Leistungs-barwert $i_t = 6\%$	DK bei Prämie $i_t = 5\%$
65	100000	100000	100000	100000
64	97414	96510	95624	95027
60	86558	83611	80775	77002
55	73429	69588	65924	57951
50	61470	57581	53886	42008
45	50934	47356	43963	28652
40	41854	38717	35746	17503
35	34154	31482	28952	8247
31	28476	26155	23959	1531
30	27171	24936	22822	0

6.6 Invaliditätsversicherungen

Wir wollen die Modellierung einer temporären Invaliditätsversicherung mit dem Markovmodell betrachten. Hier müssen zumindest die Zustände $\{*, \diamond, \dagger\}$ mit den entsprechenden Übergangswahrscheinlichkeiten betrachtet werden.

Da die Reaktivierungswahrscheinlichkeit massgebend von der abgelaufenen Dauer seit Invalidierung abhängt, ist es notwendig, den Zustand $\diamond$ weiter aufzuteilen in $\diamond_1, \diamond_2, \ldots, \diamond_n$, wobei wir mit $\diamond_k$ diejenigen Personen bezeichnen, welche zwischen $[k-1, k[$ Jahren invalid sind. Der Zustand $\diamond_n$ spielt eine besondere Rolle. Hier nehmen wir an, dass die Personen nicht mehr

reaktivieren können. Die Problematik der unterschiedlichen Reaktivierungs-
wahrscheinlichkeiten in Abhängigkeit zu der abgelaufenen Zeit wird durch
Abbildung 6.4 verdeutlicht. Man kann beobachten, dass die Reaktivierungswahrscheinlichkeit kurz nach der Invalidierung noch hohe Werte annimmt,
welche jedoch mit zunehmendem Alter, in welchem die Invalidität eintritt,
zurückgehen.

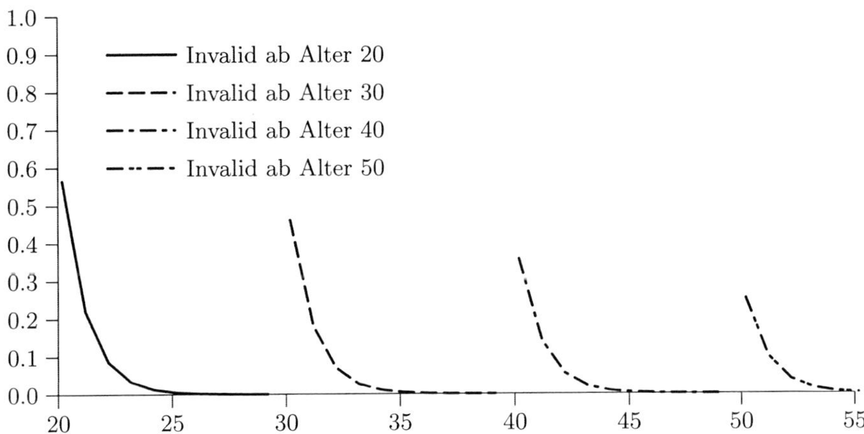

Abbildung 6.4. Reaktivierungswahrscheinlichkeit

Auf der anderen Seite wird deutlich, dass die Reaktivierungswahrscheinlichkeit mit zunehmender Dauer seit der Invalidierung in etwa exponentiell ab-
nimmt. Dieser starke Rückgang der Reaktivierungswahrscheinlichkeit, ausgehend von einem hohen Niveau, ist auch ein Grund, weshalb oft Wartefristen vereinbart werden. Diese führen bezüglich des Modells zu einer leichten
Modifikation. Das Zustandsdiagramm für diesen Versicherungstyp wird in
Abbildung 6.5 dargestellt.

Der Grund für die Aufteilung des Zustandes Invalidität ($\diamond$) in eine Menge
von Zuständen $\diamond_1, \ldots, \diamond_n$ liegt in der Abhängigkeit der Reaktivierungswahrscheinlichkeit von der abgelaufenen Zeitdauer als Invalider. Hierbei wird angenommen, dass für den Zustand $\diamond_n$ keine Reaktivierung mehr stattfindet.
Somit stellt sich für dieses Versicherungsmodell die Frage, wie gross n sein
muss, damit der Fehler eine bestimmte Schranke unterschreitet. Um diese
Grösse zu bestimmen, benutzen wir die folgenden Grundwahrscheinlichkeiten:

$$p_{*\dagger}(x) = \exp(-7.85785 + 0.01538x + 0.000577355x^2),$$

$$p_{*\diamond_1}(x) = 3 \times 10^{-4} \times (8.4764 - 1.0985x + 0.055x^2),$$

$$p_{\diamond_k \dagger}(x) = \begin{cases} \exp(-0.94(k-1)) \times \alpha(x,k), & \text{falls} \quad k < n, \\ 0, & \text{sonst,} \end{cases}$$

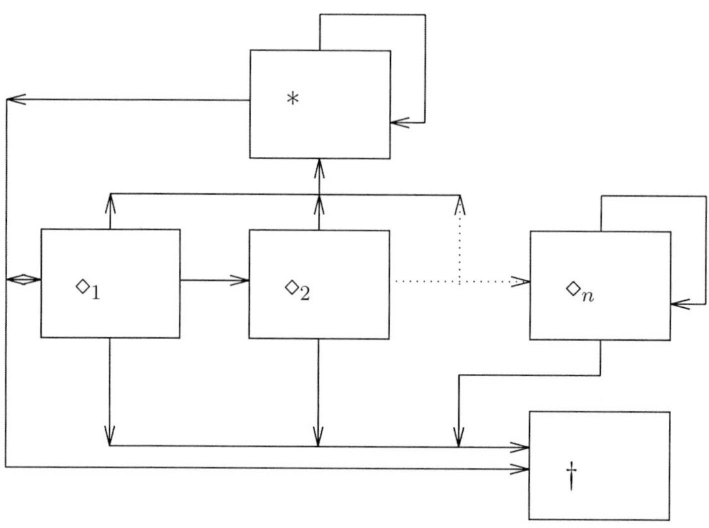

Abbildung 6.5. Zustandsdiagramm Invaliditätsmodell

$$
\begin{aligned}
\alpha(x,k) &= 0.773763 - 0.01045(x - k + 1),\\
p_{\diamond_k \dagger}(x) &= 0.008 + p_{* \dagger}(x),\\
p_{**}(x) &= 1 - p_{* \diamond_1}(x) - p_{* \dagger}(x),\\
p_{\diamond_k \diamond_{k+1}}(x) &= 1 - p_{\diamond_k *}(x) - p_{\diamond_k \dagger}(x).
\end{aligned}
$$

Für die Berechnungen gehen wir von einer 1/1 vorschüssigen Invalidenrente mit Vertragsfunktionen

$$
a_{\diamond_k}^{\mathrm{Pre}}(x) \;=\; \begin{cases} 1, & \text{falls} \quad x < 65,\\ 0, & \text{sonst,} \end{cases}
$$

aus.

Das Deckungskapital für einen Aktiven und die verschiedenen n wird durch Abbildung 6.6 dargestellt.

Sucht man nun dasjenige n, für welches der Fehler für alle Altersstufen zwischen 25 und 65 kleiner als 5 % ist, ergibt sich etwa $n = 6$. Abbildung 6.7 zeigt die Schadenreserve für das Invaliditätsmodell mit $n = 6$ für verschiedene Alter.

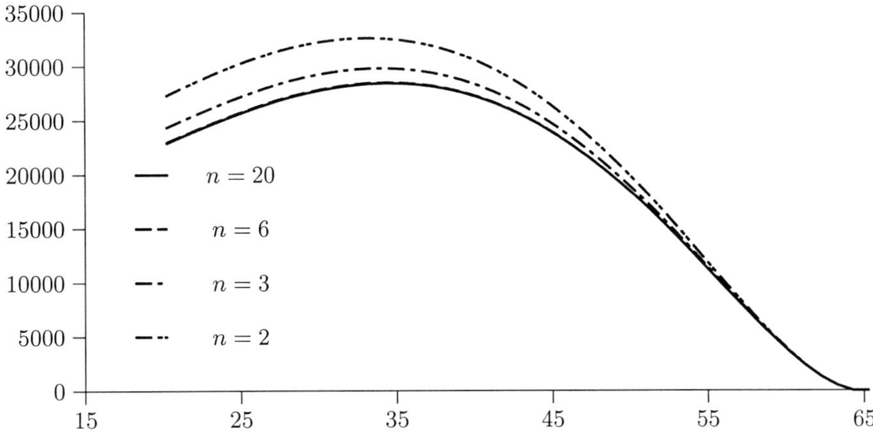

Abbildung 6.6. DK für Aktive in Funktion von n

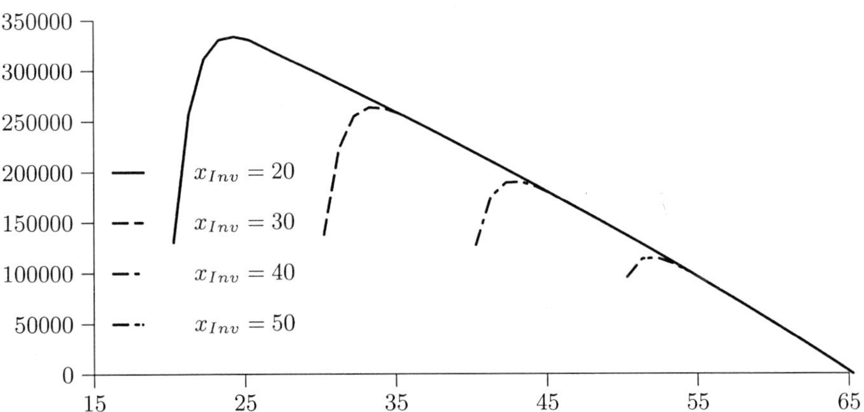

Abbildung 6.7. DK für Invalide mit $n = 6$

7. Das Hattendorffsche Theorem

7.1 Einleitung

Hattendorffs Theorem (1868) besagt, dass die Verluste in verschiedenen Jahren für eine Lebensversicherungspolice unkorreliert sind und den Erwartungswert Null besitzen. Zu seiner Zeit löste dieser Satz grosse Diskussionen aus. Heute gehört er zum Standardcurriculum und darf nicht unerwähnt bleiben. Wir wollen ihn in einer allgemeinen und einer auf das Markovmodell zugeschnittenen Form darstellen.

7.2 Die allgemeine Form von Hattendorffs Theorem

Wir gehen wie immer von einem Zahlungsstrom B aus, welcher mit v diskontiert wird. Der Barwert berechnet sich durch $V = \int v_t \, dB$. Gleichzeitig nehmen wir an, dass sowohl v als auch B bezüglich einer Filtration $\mathbb{F} = (\mathcal{F}_t)_{t \geq 0}$ adaptiert sind. Mit $V_{\mathbb{F}}^+(t)$ bezeichnen wir das prospektive Deckungskapital:

$$V_{\mathbb{F}}^+(t) = E\left[\frac{1}{v(t)} \int_{]t,\infty]} v \, dB \,\middle|\, \mathcal{F}_t\right].$$

Definition 7.2.1 (Verlust des Versicherers). *Für einen Geldfluss B und $s < t$ bezeichnet*

$$L_{]s,t]} := \int_{]s,t]} v \, dB + v(t) \, V_{\mathbb{F}}^+(t) - v(s) \, V_{\mathbb{F}}^+(s)$$

den Verlust des Versicherers *im Zeitintervall $]s,t]$ diskontiert auf den Zeitpunkt 0.*

Der Verlust setzt sich aus den folgenden Teilen zusammen:

$\int_{]s,t]} v \, dB$	Ausgaben im Intervall $]s,t]$,
$v(t) \, V_{\mathbb{F}}^+(t)$	Wert der Versicherung am Ende der Periode,
$-v(s) \, V_{\mathbb{F}}^+(s)$	Wert der Versicherung zu Beginn der Periode.

M. Koller, *Stochastische Modelle in der Lebensversicherung*, 2nd ed., Springer-Lehrbuch, DOI 10.1007/978-3-642-11252-2_7, © Springer-Verlag Berlin Heidelberg 2010

Bemerkung 7.2.2. Der Beweis des Hattendorffschen Theorems stützt sich vor allem auf die Tatsache, dass

$$M(t) \;=\; E\left[V\,\Big|\,\mathcal{F}_t\right]$$

$$=\; \int_{[0,t]} v\,dB + v(t)\,V_{\mathbb{F}}^{+}(t)$$

ein $\mathbb{F}$–adaptiertes Martingal ist, welches wir ohne Beschränkung der Allgemeinheit als rechtsstetig voraussetzen. L lässt sich mit Hilfe von M wie folgt ausdrücken:

$$L_{]s,t]} = M(t) - M(s).$$

Definition 7.2.3. *Für eine nicht fallende Folge* $(T_i)_{i\in\mathbb{N}}$ *von Stoppzeiten* $(0 = T_0 < T_1 < \ldots)$ *setze:*

$$L_i^{T} = L_{]T_{i-1},T_i]}.$$

Bemerkung 7.2.4. Die wichtigsten Wahlmöglichkeiten für $(T_i)_{i\in\mathbb{N}}$ sind:

1. $T_i = \alpha_i$ eine wachsende Folge von Zahlen (z.B. am Ende jedes Versicherungsjahres.)

2. Der Zeitpunkt des Wechsels eines Zustands.

Um eine konsistente Aussage zu erhalten, definieren wir zusätzlich:

$$L_0 = B(0) + V_{\mathbb{F}}(0) - E\left[V\right].$$

Theorem 7.2.5 (Hattendorff). *Wir nehmen an, dass* $V \in L^2(dP)$, *d.h. dass V endliche erste und zweite Momente besitzt. Dann gelten die folgenden Aussagen:*

1. $E\left[L_i^{T}\right] = 0$ *und* $(L_i^{T})_{i\in\mathbb{N}}$ *sind unkorreliert.*

2. $E\left[L_j^{T}\,\Big|\,\mathcal{F}_i\right] = 0$ *und* $Cov\left(L_j^{T}, L_k^{T}\,\Big|\,\mathcal{F}_i\right) = 0$ *für alle* $i < j, k.$

3. $Var\left(\sum_{k=j}^{\infty} L_k^{T}\,\Big|\,\mathcal{F}_{T_i}\right) = \sum_{k=j}^{\infty} Var\left(L_k^{T}\,\Big|\,\mathcal{F}_{T_i}\right),$

4.

$$Var\left(L_j^{T}\,\Big|\,\mathcal{F}_{T_i}\right) \;=\; E\left[[M,M](T_j) - [M,M](T_{j-1})\,\Big|\,\mathcal{F}_{T_i}\right]$$

$$=\; E\left[\int_{]T_{j-1},T_j]} d[M,M]\,\Big|\,\mathcal{F}_{T_i}\right],$$

wobei $d[M,M](t) = E\left[(dM(t))^2\,\Big|\,\mathcal{F}_{t-}\right].$

Die Aussagen 1. und 2. wurden erstmals von Hattendorff postuliert.

Beweis. Da $V \in L^1(dP)$ ist $M(t)$ ein Martingal. Da sowohl B als auch v $\mathbb{F}$–adaptiert sind, gilt $L_{]s,t]} = M(t) - M(s)$. Auf das Martingal M können wir den Doobschen Stoppsatz anwenden, d.h. für Stoppzeiten $S \leq T$ gilt dann:

$$M_S = E\left[M_T \middle| \mathcal{F}_S\right].$$

1. Seien $S \leq T$ die entsprechenden Stoppzeiten. Dann gilt:

$$
\begin{aligned}
E[L_{]S,T]}] &= E[M_T - M_S] \\
&= E\left[E\left[M_T - M_S \middle| \mathcal{F}_S\right]\right] \\
&= E[M_S - M_S] = 0.
\end{aligned}
$$

Für den zweiten Teil betrachten wir die entsprechenden Stoppzeiten $S \leq T \leq U \leq V$. Dann gilt

$$
\begin{aligned}
E\left[L_{]S,T]} L_{]U,V]}\right] &\\
&= E\left[(M_T - M_S)(M_V - M_U)\right] \\
&= E\left[M_T\, E\left[M_V - M_U \middle| \mathcal{F}_T\right]\right] - E\left[M_S\, E\left[M_V - M_U \middle| \mathcal{F}_S\right]\right] \\
&= E\left[M_T\,(M_T - M_T)\right] - E\left[M_S\,(M_S - M_S)\right] = 0.
\end{aligned}
$$

2. Im Wesentlichen lassen sich die obigen Beweise wörtlich übertragen.

3. Für eine endliche Summe folgt die Aussage aus den obigen Behauptungen. Da die Abbildung $X \mapsto E\left[X \middle| \mathcal{F}\right]$ stetig ist, folgt die Behauptung aus dem Monotonkonvergenzsatz.

4. Seien $U \leq S \leq T$ drei Stoppzeiten mit $L_i = M_T - M_S$. Wir definieren

$$
\begin{aligned}
H_t &= \begin{cases} 1, & \text{falls} \quad t \in]S,T], \\ 0, & \text{sonst} \end{cases} \\
&= 1_{[0,T]} - 1_{[0,S]}.
\end{aligned}
$$

Dann gilt $L_i = (H \cdot M)_\infty$, und somit folgt

$$
\begin{aligned}
\operatorname{Var}\left(L_j \middle| \mathcal{F}_{T_i}\right) &= E\left[(H \cdot M)^2_\infty \middle| \mathcal{F}_{T_i}\right] \\
&= E\left[[M,M](T_j) - [M,M](T_{j-1}) \middle| \mathcal{F}_{T_i}\right] \\
&= E\left[\int_{]T_{j-1},T_j]} d[M,M] \middle| \mathcal{F}_{T_i}\right].
\end{aligned}
$$

Übung 7.2.6. Vervollständigen Sie den Beweis des obigen Satzes.

7.3 Hattendorffs Theorem für das Markovmodell

Betrachten wir das Markovmodell, welches wir in den vorangegangenen Kapiteln eingeführt haben; d.h. wir betrachten ein reguläres Versicherungsmodell (Definition 4.5.6), mit a_i absolut stetig bezüglich des Lebesguemasses und deterministischen Zinsintensitäten ($\delta_i = \delta$).

Definition 7.3.1. *Für einen Zustand $j \in S$ und $n \in \mathbb{N}$ bezeichnen wir mit $S_n^{(j)}$ die n-te Ankunftszeit im Zustand j. Analog definieren wir mit $T_n^{(j)}$ die n-te Ausgangszeit.*

Da S diskret ist, sind S_n und T_n Stoppzeiten. Mit ihrer Hilfe können wir den totalen Verlust im Zustand j definieren:

Definition 7.3.2. *Für jedes $j \in S$ definieren wir:*

$$L^j = \sum_{n=1}^{\infty} \left[M(T_n^{(j)}) - M(S_n^{(j)}) \right]$$

$$= \sum_{n=1}^{\infty} \int_{]S_n^{(j)}, T_n^{(j)}]} dM.$$

Um die Varianz des Verlustes zu bestimmen, benötigen wir folgendes Lemma.

Lemma 7.3.3. *1.* $\{X(t^-) = j\} = \cup_{n=1}^{\infty} \{S_n^{(j)} < t \leq T_n^{(j)}\}$.

2. $L^j = \int \chi_{\{X(t^-)=j\}} dM$.

3.

$$Var\left(L^j\right) = E\left[\int_0^{\infty} \chi_{\{X(t^-)=j\}} (dM(t))^2 \right]$$

$$= \int_0^{\infty} E\left[\chi_{\{M(t^-)=j\}} E\left[dM[M,M] \middle| \mathcal{F}_{t^-} \right] \right].$$

Beweis. 1. Diesen Teil überlassen wir dem Leser als Übung.

2. Folgt da $\int_A dM = \int \chi_A \, dM$.

3. Da $L^j = \int_0^{\infty} \chi_{\{X(t^-)=j\}} dM$ folgt

$$Var(L^j) = E\left[[L^j, L^j]_{\infty} \right] \quad \text{wegen [Pro90] Cor. 2.6.4}$$

$$= E\left[\int_0^{\infty} \chi_{\{X(t^-)=j\}}^2 d[M,M] \right] \quad \text{wegen [Pro90] Thm. 2.6.28}$$

$$= E\left[\int_0^{\infty} \chi_{\{X(t^-)=j\}} d[M,M] \right]$$

$$= \int_0^{\infty} E\left[\chi_{\{X(t^-)=j\}} E\left[(dM(t))^2 \mid \mathcal{F}_{t^-} \right] \right],$$

wobei die letzte Gleichung unter bestimmten Einschränkungen allgemein gültig ist. Vgl. auch [Nor96a] und [Nor92].

Bevor wir dieses Lemma auf das Markovmodell anwenden, erinnern wir uns an folgende Aussagen:

Bemerkung 7.3.4. $- [A + B, A + B] = [A, A] + 2[A, B] + [B, B],$

$- |[A, B]| \leq \sqrt{[A, A]} \times \sqrt{[B, B]},$

$- [A, B] = AB - \int A_- dB - \int B_- dA.$

$- A$ von endlicher Variation $\Longleftrightarrow [A, A] = 0.$

$-$ Für einen quadratischen Variationsprozess gilt: $\Delta[A, A] = (\Delta A)^2.$

Als Nächstes berechnen wir $d[M, M]$ bzw. $d[M, M]|\mathcal{F}_{t-}$. Wir wissen, dass

$$
\begin{aligned}
M(t) &= \int_0^t v(\tau) \left[\sum_{j \in S} a_j(\tau) I_j(\tau) d\tau + \sum_{S \ni k \neq j} a_{jk}(\tau) dN_{jk}(\tau) \right] \\
&\quad + E \left[\sum_{j \in S} I_j(t) W_j(t) \big| \mathcal{F}_{t-} \right], \quad \text{wobei} \\
W_j(t) &= v(t)\, V_j(t).
\end{aligned}
$$

$$
M(t) = A_0(0) + \int_{]0,t]} \left(\sum_j I_j(\tau) dA_j(\tau) + \sum_{j \neq k} a_{jk}(\tau) dN_{jk}(\tau) \right)
$$

$$
+ \sum_j I_j(t) W_j(t). \tag{7.1}
$$

Um weiter zu rechnen, verwenden wir die partielle Integration für Semimartingale. Betrachten wir nun den Varianzprozess.

$$
[I_j, W_j] = 0.
$$

Wir wissen, dass $t \mapsto W_j(t)$ beschränkte Variation besitzt. Deshalb ist $[W_j, W_j] = 0$. Weiter gilt

$$
0 \leq |[I_j, W_j]| \leq \sqrt{[I_j, I_j]} \times \sqrt{[W_j, W_j]} = 0,
$$

und somit:

$$
I_j(t)\, W_j(t) = I_j(0) W_j(0) + \int_{]0,t]} I_j(\tau) dW_j(\tau) + \int_{]0,t]} W_j(\tau^-) dI_j(\tau).
$$

Um dI_j zu berechnen, machen wir uns die Tatsache zunutze, dass

$$I_j(t) = \sum_{k \neq j} \left(N_{kj}(t) - N_{jk}(t) \right),$$

beziehungsweise

$$dI_j(t) = \sum_{k \neq j} \left(dN_{kj}(t) - dN_{jk}(t) \right).$$

Somit erhalten wir schliesslich

$$
\begin{aligned}
\sum_j I_j(t)\, W_j(t) &= \sum_j I_j(0) W_j(0) + \sum_j \int_{]0,t]} I_j(\tau) dW_j(\tau) \\
&\quad + \sum_j \int_{]0,t]} W_j(\tau^-) \sum_{j \neq k} \left(dN_{kj}(\tau) - dN_{jk}(\tau) \right) \\
&= W_0(0) + \sum_j \int_{]0,t]} I_j(\tau) dW_j(\tau) \\
&\quad + \sum_{j \neq k} \int_{]0,t]} \left(W_k(\tau^-) - W_j(\tau^-) \right) dN_{jk}(\tau).
\end{aligned}
$$

Die letzte Formel lässt sich wie folgt in Worte fassen: Die Veränderung des prospektiven Deckungskapitals entspricht

- der Veränderung des Deckungskapitals, falls man den Zustand nicht wechselt, sowie

- dem neu gebundenen Deckungskapital abzüglich dem frei werdenden Deckungskapital.

Setzt man die soeben gefundene Formel in (7.1) ein, erhält man schliesslich das folgende Theorem:

Theorem 7.3.5. *Das Martingal M lässt sich durch die folgende Formel berechnen:*

$$
\begin{aligned}
M(t) &= A_0(0) + W_0(0) + \int_0^t \sum_j I_j(t) d\left(A_j(\tau) + W_j(\tau) \right) \\
&\quad + \sum_j \int_{]0,t]} \sum_{k \neq j} \left(a_{jk}(\tau) + W_k(\tau^-) - W_j(\tau^-) \right) dN_{jk}(\tau).
\end{aligned}
$$

Nun sind wir in der Lage, den Varianzprozess von M zu bestimmen. Wir wissen, dass sowohl A als auch W stetig sind. Für den Moment verwenden wir die folgenden Bezeichnungen:

$$A \quad := \quad \int_0^t \sum_j I_j(t) d\left(A_j(\tau) + W_j(\tau)\right),$$

$$B \quad := \quad \sum_j \int_{]0,t]} \sum_{k \neq j} \left(a_{jk}(\tau) + W_k(\tau^-) - W_j(\tau^-)\right) dN_{jk}(\tau).$$

Wir wissen, dass

$$[M, M] = [A + B, A + B] = [A, A] + 2[A, B] + [B, B]$$

mit $|[A, B]| \leq \sqrt{[A, A]} \times \sqrt{[B, B]}$. Sei nun $Z_j = A_j(\tau) + W_j(\tau)$. Wir wollen zeigen, dass Z stetig ist. Es gelten die folgenden Identitäten:

$$\begin{aligned}
Z_j(\tau^-) &= A_j(\tau^-) + W_j(\tau^-) \\
&= A_j(\tau) - \left(A_j(\tau) - A_j(\tau^-)\right) + W_j(\tau^-) \\
&= A_j(\tau) + W_j(\tau) \\
&= Z_j(\tau).
\end{aligned}$$

Da $Z_j(\tau)$ stetig ist, gilt $[Z_j, Z_j] = 0$ und somit auch

$$\begin{aligned}
[A, B] &= 0, \\
[A, A] &= 0.
\end{aligned}$$

Aus diesen Gleichungen lässt sich nun das folgende Theorem herleiten:

Theorem 7.3.6 (Hattendorff).

$$d[M, M](t) = \sum_{k \neq j} \left(a_{jk}(t) + V_k(t^-) - V_j(t^-)\right)^2 v(t)^2 dN_{jk}(t).$$

Beweis. Die obige Aussage folgt, wenn man sich vor Augen hält, dass wir zuvor $v(\tau) = 1$ gesetzt haben. Somit müssen wir bei den obigen Gleichungen wie folgt ersetzen:

$$\begin{aligned}
a_{jk} &\longrightarrow v(\tau)\, a_{jk}(\tau), \\
v(\tau)V_k(\tau) &= W_k(\tau).
\end{aligned}$$

Die Grösse

$$R_{jk}(t) = a_{jk}(t) + V_k(t^-) - V_j(t^-)$$

bezeichnen wir als Risikosumme. Sie setzt sich wie folgt zusammen:

1. Leistung, die bei dem Übergang von j nach k zahlbar wird,

2. Differenz der Deckungskapitalien bei dem entsprechenden Übergang.

Es ergibt sich weiter der folgende Satz, welcher die Varianz des Verlustes beschreibt:

Theorem 7.3.7. *Es gelten die folgenden Aussagen:*

1.

$$\operatorname{Var} L^j(0) = \int_{]0,\infty[} v(\tau)^2 p_{1j}(0,\tau) \sum_{j \neq k} \mu_{jk}(\tau) R_{jk}^2(\tau) d\tau,$$

unter der Bedingung, dass $X(0) = 1$.

2. Für den zukünftigen Verlust $L_j^k(t)$, gegeben $X(t) = j$, lautet die Formel folgendermassen:

$$\operatorname{Var} L_j^k(t) = \frac{1}{v(t)^2} \int_{]t,\infty[} v(\tau)^2 \, p_{jk}(t,\tau) \sum_{l \neq k} \mu_{kl}(\tau) R_{kl}^2(\tau) d\tau.$$

8. Fondsgebundene Policen

8.1 Einleitung

Bisher haben wir hauptsächlich Modelle betrachtet, bei welchen wir den Zins als deterministisch vorausgesetzt oder zumindest verlangt haben, dass dieser einer Markovkette mit endlichem Zustandsraum folgt. Dies hat den Vorteil, dass sich die zugrunde liegenden Berechnungen vereinfachen. Im Folgenden betrachten wir allgemeinere Modelle. Dies sind auf der einen Seite Modelle, bei welchen der Wert der Versicherungspolice von einem Fonds abhängt. Auf der anderen Seite sind dies Modelle mit stochastischem Zins.

Bezüglich dieser beiden Themenkreise ist jedoch anzumerken, dass sich hier die Theorie im Flusse befindet und noch keinen abschliessenden Zustand erreicht hat. Dies betrifft insbesondere die Wahl der stochastischen Prozesse für die Wertschriften- und Zinsprozesse und führt dazu, dass es vor allem auf dem Gebiet der stochastischen Zinsen verschiedene Meinungen bezüglich der idealen Modelle gibt, welche zu verschiedenen numerischen Resultaten führen.

Doch welche Vor- und Nachteile haben diese Modelle? Wie an anderer Stelle schon erwähnt, handelt es sich bei diesen Modellen stets um eine Nachbildung der Realität, welche mehr oder weniger akkurat ist. Somit liegt folgendes auf der Hand: Je mehr Teile des Modells stochastisch sind,

- desto genauer die mögliche Abbildung der Realität,

- desto höher aber auch die Komplexität bezüglich Modellannahmen, Parameterschätzung und numerischer Algorithmen.

Die eigentliche Schwierigkeit bei der Integration eines stochastischen Zinssatzes liegt meiner Meinung nach darin, dass sehr verschiedene Ideen bezüglich des zu verwendenden Modells für die Wertschriften existieren. Es sei angemerkt, dass dies nicht der Ort ist, diese Modelle zu beurteilen. Vielmehr soll es darum gehen, die allgemeinen Vorgehensweisen dergestalt zu präsentieren, dass einerseits das Verständnis gefördert wird und andererseits die benötigten Techniken vermittelt werden.

M. Koller, *Stochastische Modelle in der Lebensversicherung*, 2nd ed., Springer-Lehrbuch, DOI 10.1007/978-3-642-11252-2_8,
© Springer-Verlag Berlin Heidelberg 2010

In einem ersten Schritt wollen wir Produkte betrachten, die von einer Wertschrift oder einem Fonds abhängen. Die sogenannten "Unit-Linked"-Produkte versprechen im Allgemeinen bei dem Eintritt des versicherten Ereignisses eine bestimmte Anzahl von Anteile eines Fonds.

Für diese Art der Versicherung ist es charakteristisch, dass die Leistungen im Erlebens- oder auch im Todesfall nicht deterministisch, sondern zufällig sind. Im Gegensatz zu den traditionellen Produkten werden fondsgebundene Versicherungen hauptsächlich gegen Einmaleinlage verkauft. Dies hängt mit der Verwaltung zusammen. Weiterhin ist anzumerken, dass die Risikosumme bei traditionellen Produkten konstant ist, bei anteilgebundenen Versicherungen jedoch vom Wert des zugrunde liegenden Fonds abhängt.

Um diese Art von Versicherung zu betrachten, bezeichnen wir mit

$$N(t) \quad \text{Anzahl Leistungsanteile zur Zeit } t,$$
$$S(t) \quad \text{Wert eines Anteils zur Zeit } t.$$

Wir nehmen an, dass $N(t)$ deterministisch ist. In diesem Fall können wir den Sachverhalt für eine reine Todesfallversicherung durch die folgende Tabelle zusammenfassen:

	Traditionell	(pure) Unit Linked
Auszahlung bei dem Tod	$C(t) = 1$	$C(t) = S(t)$
Wert (Zeit 0)	$\pi_0(t) = \exp(-\delta t)$	$\pi_0(t) = S(0)$ (sollte in vernünftiger Ökonomie so sein)
Einmalprämie	$E\left[\int_0^T \pi_0(t)d(\chi_{T_x \leq t})\right]$ $= \int_0^T \exp(-\delta t)\,_tp_x\mu_{x+t}dt$	$E\left[\int_0^T \pi_0(t)d(\chi_{T_x \leq t})\right]$ $= S(0)\int_0^T \,_tp_x\mu_{x+t}dt$ $= (1 - \,_Tp_x)S(0)$

Aus dem obigen Beispiel ist sehr schön ersichtlich, dass das finanzielle Risiko des Versicherers bei einem reinen fondsgebundenen Produkt kleiner ist als bei einem traditionellen Produkt mit einer Zinsgarantie[1]. Es ist an dieser Stelle ebenfalls zu erwähnen, dass wir bei der Berechnung der Einmalprämie implizit angenommen haben, dass der auf die Zeit 0 diskontierte Wert des Fonds zur Zeit t im Mittel stets dessen Wert zur Zeit 0 entspricht. Daraus

---

[1] Diese Aussage ist so nicht ganz richtig. Hier wird implizit angenommen, dass nur für fondsgebundene Policen das Kapitalmarktrisiko durch eine geeignete Handelsstrategie minimiert wird. Bei klassischen Versicherungen besteht eine solche Anlagestrategie darin die Cash Flows mit Zerocouponbonds entsprechend der Fälligkeit der Versicherungsleistungen zu matchen.

wird ersichtlich, dass wir uns zuerst Gedanken über den Wert oder den Preis einer Wertschrift machen müssen.

Bei dem vorherigen Beispiel handelt es sich um ein Produkt ohne Zinsgarantie. Meist will man jedoch eine Garantie (z.B. Rückgewähr der einbezahlten Prämien) einbauen. Sie hat z.B. die Form

$$G(t) = \int_0^t \bar{p}(s)ds,$$

wobei $\bar{p}(s)$ die Prämiendichte zur Zeit s bezeichnet. Allgemeiner kann man sich auch eine Garantie in der Höhe der zu einem fixierten Zinssatz verzinsten Prämien vorstellen:

$$G(t) = \int_0^t \exp(r(t-s))\bar{p}(s)ds.$$

In den obigen Fällen beträgt die Auszahlungsfunktion

$$C(t) = \max(S(t), G(t)).$$

Nehmen wir nun an, dass sich der Wert des Fonds gemäss eines stochastischen Prozesses (mit Wahrscheinlichkeitsmass P) entwickelt. Welches ist nun der Wert der diskontierten Auszahlung $C(t)$ zur Zeit t? Man kann natürlich dazu verführt sein zu sagen, dass

$$\pi_0\left(C(t)\right) = E^P\left[\max(S(t), G(t))\right].$$

Doch so einfach ist die Sache nicht! Würde man den Wert wie oben beschrieben berechnen, könnte man eventuell einen Gewinn ohne Risiko erzielen (Arbitrage). In der Finanzmarkttheorie zeigt man hingegen, dass man ein äquivalentes Martingalmass finden kann, so dass Arbitragemöglichkeiten ausgeschlossen sind. Geht man von einem "fairen" Markt aus, ist

$$\pi_0\left(C(t)\right) = E^Q\left[\max(S(t), G(t))\right],$$

wobei Q ein zu P äquivalentes Mass ist, unter welchem der diskontierte Wert der zugrunde liegenden Sicherheit ein Martingal ist.

Vom finanzmathematischen Standpunkt aus handelt es sich bei der Auszahlung von Typ $C(t)$ um diejenige einer Option. Um den Preis einer Option berechnen zu können, benötigt man die "arbitrage free pricing"-Theorie, welche wir im nächsten Abschnitt kurz erläutern wollen.

8.2 Preissysteme

In diesem Abschnitt wollen wir einen Einblick in die moderne Finanzmarkttheorie gewinnen. Es kann hier weniger darum gehen, alle Details und Einzelheiten zu beweisen, da man über dieses Thema leicht ein eigenes Buch schreiben könnte. Vielmehr soll in diesem Abschnitt das Verständnis für das Problem gefördert werden. Für ein vertieftes Verständnis dieser Theorie empfiehlt sich z.B. das Studium der Texte [Pli97], [HK79], [HP81] und [Duf92].

Dieser Abschnitt wäre sicher auch unvollständig ohne die Erwähnung des Werkes von Black und Scholes [BS73] mit ihrer berühmten Formel zur Optionspreisberechnung.

8.2.1 Definitionen

Es ist zweckmässig, zuerst den Sinn dieser Theorie darzustellen. Betrachtet man einen Börsenkurs, welcher mit einer geometrischen Brownschen Bewegung $(S_t(\omega))$ modelliert wurde, ergibt sich in etwa das folgende Bild:

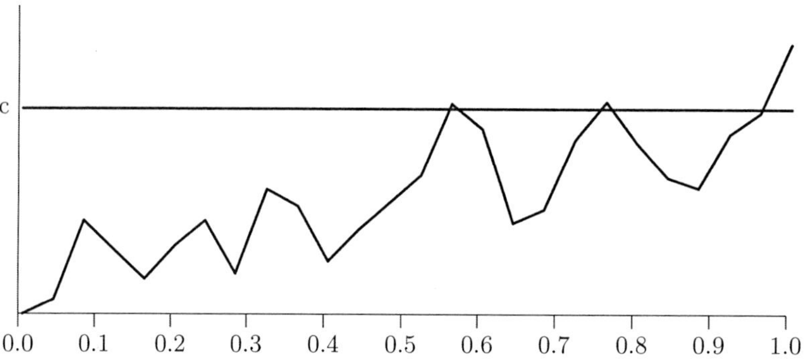

Abbildung 8.1. Bewegung eines Aktienkurses

Eine europäische Call-Option ist eine Wertschrift, die zum Erwerb einer zugrunde liegenden Sicherheit zu einem im voraus fixierten Preis c (Strikepreis) zu einem fixierten Zeitpunkt T berechtigt. Zur Zeit T ist der Wert dieses Papiers bekannt:

$$H = \max\left(S_T - c, 0\right).$$

Eine Bank möchte nun gerne den Wert oder den Preis dieser Option zum Zeitpunkt 0 kennen. Wie im vorangegangenen Abschnitt erwähnt, führt der Erwartungswert zu systematisch verfälschten Preisen. In vielen Fällen ist es dann möglich, einen Gewinn zu erzielen ohne jegliches Risiko. Es entsteht also Arbitrage.

Der Einfachheit halber wollen wir in diesem Abschnitt die einfachste Ökonomie betrachten, indem wir uns auf endliche Modelle beschränken. Dies bedeutet insbesondere diskrete Zeit. Der interessierte Leser findet die analogen Sätze für stetige Zeit z.B. in [HP81]. Dieser Abschnitt soll dem Leser die Ideen und Konzepte der Preistheorie nahelegen.

Im Folgenden betrachten wir den Wahrscheinlichkeitsraum $(\Omega, \mathcal{A}, P)$ mit Ω endlich. Zudem nehmen wir an, dass $P(\omega) > 0 \,\forall \omega \in \Omega$. Fixiert sei ebenfalls ein endlicher Zeithorizont T, an welchem alle Handelsgeschäfte aufhören. Mit $\mathcal{F}_t$ bezeichnen wir die σ-Algebra der zur Zeit t beobachtbaren Ereignisse. Die Wertschriften werden zu den Zeiten $\{0, 1, 2, \ldots, T\}$ gehandelt. Wir nehmen an, dass es $k < \infty$ stochastische Prozesse gibt, welche den Verlauf der Wertschriften $1, \ldots, k$ repräsentieren.

$$S = \{S_t, t = 0, 1, 2, \ldots, T\} \text{ mit Komponenten } S^0, S^1, \ldots S^k.$$

Wie üblich nehmen wir an, dass jedes S^j bezüglich $(\mathcal{F}_t)_t$ adaptiert ist. Wir interpretieren S_t^j als den Preis der j-ten Wertschrift zur Zeit t. Die Bedingung der Adaptiertheit spiegelt die Notwendigkeit wider, zur Zeit t den Verlauf von S in der Vergangenheit zu kennen. Die 0. Wertschrift spielt eine besondere Rolle. Wir nehmen an, dass $S_t^0 = (1+r)^t$ ist. Dies bedeutet, dass wir risikofrei zu einem Zins r investieren können. Der risikofreie Diskontierungsfaktor ist definiert durch:

$$\beta_t = \frac{1}{S_t^0}.$$

Als Nächstes wollen wir definieren, was wir unter einer Handelsstrategie verstehen:

Definition 8.2.1. *Eine trading strategy ist ein previsibler ($\phi_t \in \mathcal{F}_{t-1}$) Prozess $\Phi = \{\phi_t, t = 1, 2, \ldots, T\}$ mit Komponenten ϕ_t^k.*

Wir interpretieren ϕ_t^k als Anzahl Wertschriften Nummer k, welche wir zwischen $[t-1, t[$ besitzen. Aus diesem Grunde nennt man ϕ_t auch Portfolio zur Zeit t.

Notation 8.2.2. *Seien X, Y zwei vektorwertige stochastische Prozesse. Dann bezeichnen wir mit*

$$<X_s, Y_t> \;=\; X_s \cdot Y_t = \sum_{k=0}^{n} X_s^k \times Y_t^k,$$

$$\Delta X_t \;=\; X_t - X_{t-1}.$$

Als Nächstes wollen wir den Wert eines Portefeuilles zur Zeit t bestimmen:

Zeit	Wert des Portefeuilles
$t-1$	$\phi_t \cdot S_{t-1}$
t^-	$\phi_t \cdot S_t$

Dies bedeutet, dass im Intervall $[t-1, t[$ der Gewinn $\phi_t \cdot \Delta S_t$ beträgt. Somit beträgt der totale Gewinn eines Investors im Intervall $[0, t]$

$$G_t(\phi) = \sum_{\tau=1}^{t} \phi_\tau \cdot \Delta S_\tau.$$

Wir setzen $G_0(\phi) = 0$ und nennen $(G_t)_{t\geq 0}$ *Gewinnprozess*.

Satz 8.2.3. *G ist ein adaptierter, reellwertiger stochastischer Prozess.*

Beweis. Den Beweis überlassen wir dem Leser als Übung.

Definition 8.2.4. *Eine trading strategy ist* selbstfinanzierend, *falls*

$$\phi_t \cdot S_t = \phi_{t+1} \cdot S_t, \qquad \forall t = 1, 2, \ldots, T-1.$$

Eine selbstfinanzierende Strategie bedeutet nichts anderes, als dass zu keiner Zeit dem Portefeuille Geld zugeführt oder abgezogen wird.

Definition 8.2.5. *Eine Handelsstrategie ist* zulässig, *falls sie einerseits selbstfinanzierend ist und andererseits*

$$V_t(\phi) := \begin{cases} \phi_t \cdot S_t, & \text{falls} \quad t = 1, 2, \ldots, T, \\ \phi_1 \cdot S_0, & \text{falls} \quad t = 0 \end{cases}$$

nicht negativ ist. (Mit anderen Worten: man darf nicht Konkurs machen.) Mit Φ bezeichnen wir die Menge der zulässigen Handelsstrategien.

Bemerkung 8.2.6. Die Idee von zulässigen Handelsstrategien besteht darin, diejenigen Portefeuilles in der Zeit zu betrachten, welche nicht zum Konkurs führen und welchen kein Geld zu- oder abgeführt wird. Dies bedeutet auch, dass der Wert dieser Handelsstrategie bei Umschichtungen immer gleich bleibt. Somit kann man damit den Preis einer Option bestimmen, falls sie denselben Zahlungsstrom erzeugt.

Definition 8.2.7. *Unter einer Bezugsvariablen wollen wir eine positive Zufallsvariable X verstehen. Die Menge aller Bezugsvariablen bezeichnen wir mit $\mathcal{X}$.*

Die Zufallsvariable X ist erreichbar, falls es eine zulässige Handelsstrategie $\phi \in \Phi$ gibt, welche diesen erzeugt, d.h.

$$V_T(\phi) = X.$$

In diesem Fall sagt man "ϕ erzeugt X".

Definition 8.2.8. *Für eine erreichbare Bezugsvariable X, welche durch ϕ erzeugt wird, bezeichnen wir mit*

$$\pi = V_0(\phi)$$

ihren Preis. (Dieser Preis muss nicht eindeutig sein, wie wir später sehen werden und entspricht dem Wert des Startportfeuilles.)

8.2.2 Arbitrage

Unter einer Arbitragemöglichkeit verstehen wir

$$\phi \in \Phi \text{ mit } V_0(\phi) = 0 \text{ und } V_T(\phi) \text{ positiv und } P[V_T(\phi) > 0] > 0$$

(Geld wird aus nichts erschaffen). Wenn eine solche Strategie existiert, kann man einen Profit ohne jegliches Risiko machen. Eines der Axiome der modernen Ökonomie postuliert die Absenz solcher Arbitragemöglichkeiten. Aus diesem Axiom lassen sich wichtige Erkenntnisse zur Bestimmung der Preise gewinnen.

Als Nächstes wollen wir darüber sprechen, was wir unter einem Preissystem verstehen.

Definition 8.2.9. *Eine Abbildung*

$$\pi: \quad \mathcal{X} \to [0, \infty[, \quad X \mapsto \pi(X)$$

heisst genau dann Preissystem, *falls die folgenden beiden Bedingungen erfüllt sind:*

$- \pi(X) = 0 \iff X = 0,$

$- \pi$ *ist linear.*

Ein Preissystem nennt man konsistent, *falls*

$$\pi(V_T(\phi)) = V_0(\phi) \qquad \text{für alle } \phi \in \Phi.$$

Mit Π bezeichnen wir die Menge der konsistenten Preissysteme. Mit $\mathbb{P}$ bezeichnen wir die Menge

$$\mathbb{P} = \{Q \text{ Mass äquivalent zu } P, \text{ unter welchem } \beta \times S \text{ ein Martingal ist}\},$$

wobei β den Diskontierungsfaktor von der Zeit t nach 0 bezeichnet. Die Masse $\mu \in \mathbb{P}$ heissen äquivalente Martingalmasse.

Satz 8.2.10. *Zwischen den Mengen der konsistenten Preissysteme $\pi \in \Pi$ und den Massen $Q \in \mathbb{P}$ existiert eine Bijektion, definiert durch*

1. $\pi(X) = E^Q\left[\beta_T X\right].$

2. $Q(A) = \pi(S_T^0 \chi_A)$ für alle $A \in \mathcal{A}$.

Beweis. Für $Q \in \mathbb{P}$ definieren wir $\pi(X) = E^Q[\beta_T X]$. π ist ein Preissystem, weil P auf Ω strikt positiv und Q zu P äquivalent ist. Es bleibt also zu zeigen, dass π konsistent ist. Sei hierzu $\phi \in \Phi$. Dann gilt

$$
\begin{aligned}
\beta_T \, V_T(\phi) \;&=\; \beta_T \, \phi_T \, S_T + \sum_{i=1}^{T-1} (\phi_i - \phi_{i+1}) \, \beta_i \, S_i \\
&=\; \beta_1 \, \phi_1 \, S_1 + \sum_{i=2}^{T} \phi_i \, (\beta_i \, S_i - \beta_{i-1} S_{i-1}) \,,
\end{aligned}
$$

wobei wir verwendet haben, dass ϕ selbstfinanzierend ist. Somit ist

$$
\begin{aligned}
\pi\left(V_T(\phi)\right) \;&=\; E^Q\left[\beta_T \, V_T(\phi)\right] \\
&=\; E^Q\left[\beta_1 \, \phi_1 \, S_1\right] + E^Q\left[\sum_{i=2}^{T} \phi_i \, (\beta_i \, S_i - \beta_{i-1} S_{i-1})\right] \\
&=\; E^Q\left[\beta_1 \, \phi_1 \, S_1\right] + \sum_{i=2}^{T} E^Q\left[\phi_i \, E^Q\left[(\beta_i \, S_i - \beta_{i-1} S_{i-1}) \,|\mathcal{F}_{i-1}\right]\right] \\
&=\; \phi_1 \, E^Q\left[\beta_1 \, S_1\right] \\
&=\; \phi_1 \, \beta_0 \, S_0,
\end{aligned}
$$

wobei wir verwendet haben, dass ϕ previsibel ist und dass βS unter Q ein Martingal ist. Somit haben wir bewiesen, dass π ein konsistentes Preissystem ist.

Sei nun $\pi \in \Pi$ ein konsistentes Preissystem und Q definiert wie oben. Dann ist $Q(\omega) = \pi(S_t^0 \chi_{\{\omega\}}) > 0$, für alle $\omega \in \Omega$, da $S_t^0 \chi_{\{\omega\}} \neq 0$. Weiterhin ist $\pi(X) = 0 \iff X = 0$ und somit ist Q absolut stetig bezüglich P.

Als Nächstes wollen wir zeigen, dass es sich bei Q um ein Wahrscheinlichkeitsmass handelt. Wir definieren hierzu

$$
\phi^0 = 1 \qquad \text{und} \qquad \phi^k = 0 \;\; \forall k \neq 0.
$$

Da π konsistent ist, gilt

$$
\begin{aligned}
1 \;&=\; V_0(\phi) \\
&=\; \pi(V_T(\phi)) \\
&=\; \pi(S_T^0 \cdot 1) \\
&=\; Q(\Omega).
\end{aligned}
$$

Da die Preise auf positiven Bezugsvariablen positiv sind und da Q additiv ist, folgen die Kolmogorovschen Axiome, da Ω endlich ist. Per Definition gilt $Q(\omega) = \pi(S_T^0 \cdot \chi_{\{\omega\}})$ und somit auch

$$E[f] = \sum_\omega \pi(S_T^0 \cdot \chi_{\{\omega\}}) \cdot f(\omega) = \pi(S_T^0 \cdot \sum_\omega f(\omega)).$$

Für $f = \beta_T X$ gilt also

$$E^Q[\beta_T X] = \pi(S_T^0 \cdot \beta_T \cdot X) = \pi(X).$$

Es bleibt nur noch zu zeigen, dass $\beta_T S_T^k$ für alle k ein Martingal ist. Sei k eine Koordinate und τ eine Stoppzeit. Wir definieren

$$\begin{aligned} \phi_t^k &= \chi_{\{t \leq \tau\}}, \\ \phi_t^0 &= \left(S_\tau^k / S_\tau^0\right) \chi_{\{t > \tau\}}. \end{aligned}$$

(Man hält bis zur Zeit τ die Wertschrift k und investiert dann den Erlös in eine risikofreie Anlage.) Es ist einfach zu zeigen, dass die Strategie ϕ sowohl previsibel als auch selbstfinanzierend ist. Es gelten die folgenden Gleichungen:

$$\begin{aligned} V_0(\phi) &= S_0^k, \\ V_T(\phi) &= \left(S_\tau^k / S_\tau^0\right) S_T^0 \end{aligned}$$

und weiterhin

$$\begin{aligned} S_0^k &= \pi(S_T^0 \cdot \beta_\tau \cdot S_\tau^k) \\ &= E^Q\left[\beta_\tau \cdot S_\tau^k\right]. \end{aligned}$$

Da die obige Gleichung für eine beliebige Stoppzeit τ gilt, ist $\beta_T S_T^k$ ein Martingal bezüglich Q.

Nachdem wir diesen wichtigen Satz bewiesen haben, wollen wir noch einige Aussagen ohne Beweis anführen. Alle diese Aussagen finden sich z.B. in [HP81].

Theorem 8.2.11. *Die folgenden drei Aussagen sind äquivalent*

1. *Das Marktmodell lässt keine Arbitrage zu,*

2. $\mathbb{P} \neq \emptyset$,

3. $\Pi \neq \emptyset$.

Lemma 8.2.12. *Falls es eine selbstfinanzierende Strategie $\phi \in \Phi$ mit*

$$V_0(\phi) = 0, \ V_T(\phi) \geq 0, \ E[V_T(\phi)] > 0$$

gibt, lässt das Marktmodell Arbitrage zu.

Beispiel 8.2.13. Im Folgenden wollen wir versuchen, den Preis einer Option anhand eines einfachen Beispiels zu berechnen. Wie gehen hierbei von einem Markt mit zwei Wertschriften $Z = (Z_1, Z_2)$ aus, welche zu den Zeiten $t = 0$, $t = 1$ und $t = 2$ gehandelt werden. Abbildung 8.2 zeigt das Verhalten der beiden Wertschriften in Form eines Baumes. Zur Berechnung des Optionspreises gehen wir davon aus, dass alle neun Möglichkeiten gleich wahrscheinlich sind.

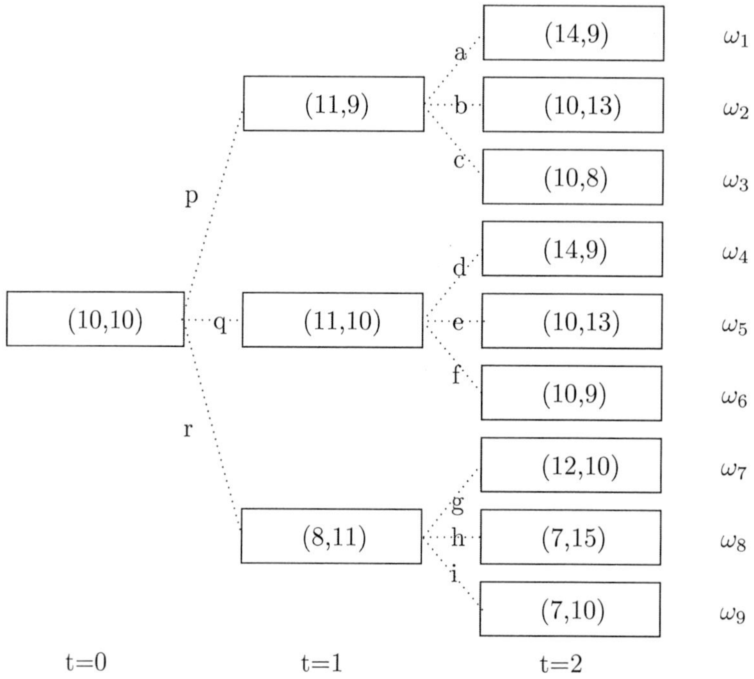

Abbildung 8.2. Beispiel zur Berechnung eines Optionspreises

Um den Preis der folgenden komplexen Option

$$X = \{2Z_1(2) + Z_2(2) - [14 + 2\min(\min\{Z_1(t), Z_2(t)\}, 0 \le t \le 2)]\}^+$$

zu berechnen, ist es in einem ersten Schritt notwendig, ein äquivalentes Martingalmass zu bestimmen. Im vorliegenden Fall muss also für die Zeiten $t = 0$ und $t = 1$ das folgende Gleichungssystem gelöst werden:

$$
\begin{aligned}
10 &= 11p + 11q + 8r, &&\text{(Für die Martingalbedingung von } Z_1) \\
10 &= 9p + 10q + 11r, &&\text{(Für die Martingalbedingung von } Z_2) \\
1 &= p + q + r.
\end{aligned}
$$

Löst man das obige Gleichungssystem, erhält man $p = q = r = \frac{1}{3}$.

An dieser Stelle wird auch deutlich, in welchen Fällen das Martingalmass eindeutig ist und wann es nicht existiert. Das Martingalmass ist, geometrisch gesehen, definiert als der Schnittpunkt dreier Ebenen. Je nachdem wie diese liegen, gibt es genau ein, viele oder kein äquivalentes Martingalmass.

In einem nächsten Schritt können nun die Gleichungen für die Zeit $t = 1$ nach $t = 2$ aufgestellt und gelöst werden. Die entsprechenden Gleichungen lauten:

$$
\begin{aligned}
11 &= 14a + 10b + 10c, \\
9 &= 9a + 13b + 8c, \\
1 &= a + b + c,
\end{aligned}
$$

$$
\begin{aligned}
11 &= 14d + 10e + 10f, \\
10 &= 9d + 13e + 9f, \\
1 &= d + e + f,
\end{aligned}
$$

$$
\begin{aligned}
8 &= 12g + 7h + 7i, \\
11 &= 10g + 15h + 10i, \\
1 &= g + h + i.
\end{aligned}
$$

Das Lösen der obigen Gleichungen ergibt $(a, b, c) = (0.25, 0.15, 0.60)$, $(d, e, f) = (0.25, 0.25, 0.50)$ und $(g, h, i) = (0.20, 0.20, 0.60)$.

Nachdem die Übergangswahrscheinlichkeiten bezüglich des Martingalmasses bestimmt sind, kann nun in einem zweiten Schritt das Martingalmass Q berechnet werden. Die folgende Tabelle zeigt die Resultate dieser Berechnungen:

Zustand	$X(\omega_i)$	$Q(\omega_i)$
ω_1	5	$1/12$
ω_2	1	$1/20$
ω_3	0	$1/5$
ω_4	5	$1/12$
ω_5	0	$1/12$
ω_6	0	$1/6$
ω_7	4	$1/15$
ω_8	1	$1/15$
ω_9	0	$1/5$

Nun ist es möglich, den Preis der Option als Erwartungswert unter Q zu berechnen. Er beträgt $\frac{73}{60}$.

8.2.3 Stetiger Fall

Für Modelle in stetiger Zeit beschränken wir uns auf die Aussagen und verweisen für die Beweise auf die entsprechende Literatur. Ein grosser Unterschied zum diskreten Fall besteht bei dem stetigen Fall darin, dass wir *annehmen*, dass $\mathbb{P} \neq \emptyset$.

Als Nächstes müssen wir verschiedene Dinge definieren:

Definition 8.2.14. *— Unter einer Trading strategy ϕ verstehen wir einen lokal beschränkten, previsiblen Prozess.*

— Unter dem der Handelsstrategie ϕ zugeordneten Wertschöpfungsprozess verstehen wir

$$V : \Pi \to \mathbb{R}, \phi \mapsto V(\phi) = \phi_t \cdot S_t = \sum_{i=0}^{k} \phi_t^k \cdot S_t^k.$$

— Der Gewinnprozess G ist definiert durch

$$G : \Pi \to \mathbb{R}, \phi \mapsto G(\phi) = \int_0^\tau \phi \, dS = \int_0^\tau \sum_{i=0}^{k} \phi^k dS^k.$$

— ϕ ist selbstfinanzierend, falls $V_t(\phi) = V_0(\phi) + G_t(\phi)$.

— Um eine zulässige Handelsstrategie zu definieren, verwenden wir die folgende Notation:

$$
\begin{aligned}
Z_t^i &= \beta_t \cdot S_t^i, && \text{Diskontierter Wert von Wertschrift } i \\
G^*(\phi) &= \int \sum_{i=1}^{k} \phi^i \, dZ^i, && \text{Diskontierter Gewinn} \\
V^*(\phi) &= \beta \, V(\phi) = \phi^0 + \sum_{i=1}^{k} \phi^i \, Z^i.
\end{aligned}
$$

Wir sagen, dass eine Handelsstrategie zulässig ist, falls sie die folgenden drei Eigenschaften besitzt:

1. $V^*(\phi) \geq 0$,

2. $V^*(\phi) = V^*(\phi)_0 + G^*(\phi)$,

3. $V^*(\phi)$ ist ein Martingal unter Q.

Satz 8.2.15. *1. Der Preis einer Bezugsgrösse X ist gegeben durch $\pi(X) = E^Q[\beta_T X]$.*

2. Die Bezugsgrösse ist erreichbar $\iff V^* = V_0^* + \int H dZ$ für alle H.

Definition 8.2.16. *Der Markt ist vollständig, falls jede integrierbare Bezugsgrösse erreichbar ist.*

Da wir in diesem Abschnitt nur die grundlegenden Prinzipien der Finanzmarkttheorie darstellen konnten und diese Theorie sehr wichtig ist, wäre es für den Leser sinnvoll, sein Wissen darüber zu vertiefen.

8.3 Das ökonomische Modell

Wie wir im vorangegangenen Kapitel gesehen haben, ist es zur Berechnung des Preises einer Option nötig, ein ökonomisches Modell zugrunde zu legen. Es sind prinzipiell verschiedene ökonomische Modelle möglich. Wir wollen hier exemplarisch das meist verwendete Modell der geometrischen Brownschen Bewegung betrachten.

Die folgenden Quellen können zur Vertiefung des Wissens über Marktmodelle als Referenz herangezogen werden: [Dot90], [Duf88], [Duf92], [CHB89], [Per94], [Pli97].

Konvention 8.3.1 (Allgemeine Konventionen). *Wir verwenden für den Rest dieses Kapitels die folgenden Bezeichnungen und Konventionen:*

- *T_x bezeichnet stets die zukünftige Lebensdauer eines x-jährigen.*

- *Mit $\mathcal{H}_t = \sigma\left(\{T > s\}, 0 \leq s \leq t\right)$ bezeichnen wir die von T_x erzeugten σ-Algebren.*

- *Für die Wertschriften nehmen wir für den Rest dieses Kapitels an, dass sich das Referenzportefeuille gemäss W einer standardisierten Brownschen Bewegung entwickelt. (Vgl. Abbildung 8.3.).*

- *Mit $\mathcal{G}_t$ bezeichnen wir die von W erzeugten σ-Algebren, erweitert um die P-Nullmengen.*

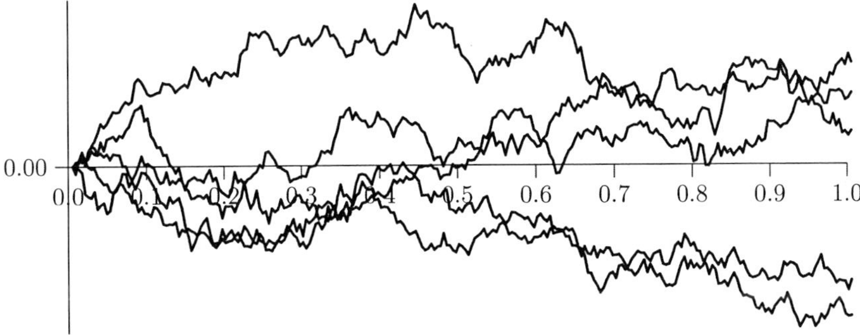

Abbildung 8.3. Brownsche Bewegung (5 Simulationen)

Konvention 8.3.2 (Unabhängigkeit der Finanzvariablen). *— Wir nehmen an, dass $\mathcal{G}_t$ und $\mathcal{H}_t$ stochastisch unabhängig sind. Dies bedeutet, dass die Finanzvariablen unabhängig von der zukünftigen Lebensdauer sind.*

- *Mit $\mathcal{F}_t = \sigma\left(\mathcal{G}_t, \mathcal{H}_t\right)$ bezeichnen wir die von $\mathcal{G}_t$ und $\mathcal{H}_t$ erzeugte σ-Algebra.*

Definition 8.3.3 (Black-Scholes-Marktmodell). *Dieses Marktmodell besteht aus zwei Anlagemöglichkeiten:*

$$B(t) \;=\; \exp(\delta\, t) \qquad\qquad\qquad \textit{Risikofreie Anlage.}$$

$$S(t) \;=\; S(0)\exp\left[\left(\eta - \tfrac{1}{2}\sigma^2\right)t + \sigma\, W(t)\right] \qquad \textit{Fonds, modelliert durch geometrische Brownsche Bewegung (vgl. Abb. 8.4).}$$

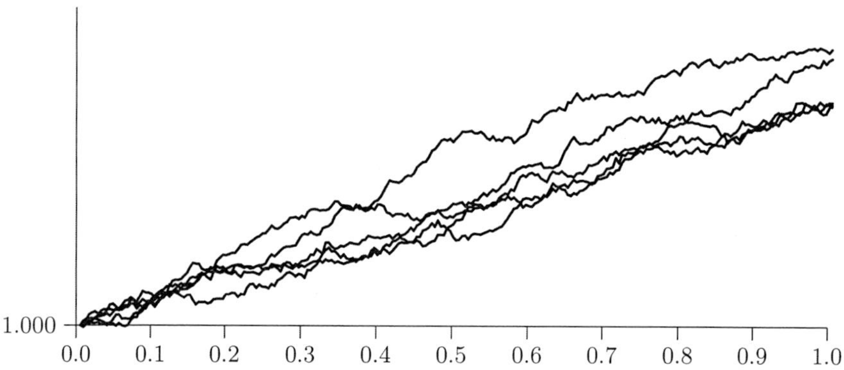

Abbildung 8.4. Geometrische Brownsche Bewegung (5 Simulationen)

S löst die folgende stochastische Differentialgleichung:

$$dS = \eta\, S\, dt + \sigma\, S\, dW.$$

Übung 8.3.4. Beweisen Sie die obige stochastische Differentialgleichung.

Im nächsten Schritt müssen wir die diskontierten Werte von B und S berechnen:

$$R^*(t) = \frac{B(t)}{B(t)} - 1,$$
$$S^*(t) = \frac{S(t)}{B(t)} = S(0)\exp\left[\left(\eta - \delta - \tfrac{1}{2}\sigma^2\right)t + \sigma\, W(t)\right].$$

Nachdem wir die Anlagemöglichkeiten definiert haben, ist es zur Berechnung der Optionspreise nötig, die äquivalenten Martingalmasse zu bestimmen. Wir müssen also ein Mass Q so bestimmen, dass S^* ein Martingal unter Q ist. Hierzu definieren wir die folgende Radon-Nikodym-Dichte:

$$\xi_t = \exp\left(-\frac{1}{2}\left(\frac{\eta-\delta}{\sigma}\right)^2 t - \frac{\eta-\delta}{\sigma}W(t)\right) \qquad \text{für alle } t \in [0,T].$$

Übung 8.3.5. Beweisen Sie die folgenden Aussagen:

1. $E[\xi_t] = 1$,

2. $Var[\xi_t] = \exp\left(\left(\frac{\eta-\delta}{\sigma}\right)^2 t\right) - 1$,

3. $\xi_t > 0$.

(Hinweis: $W(t) \sim \mathcal{N}(0,t)$.)

Aufgrund eines Folgesatzes des Girsanov-Theorems aus der Theorie der stochastischen Integration (z.B. [Pro90] Theorem 3.6.21) folgt, dass

$$\hat{W}_t = W(t) + \frac{\eta - \delta}{\sigma}\, t$$

unter $Q = \xi \cdot P$ eine standardisierte Brownsche Bewegung ist.

Nachdem wir diese Transformation durchgeführt haben, wollen wir natürlich zeigen, dass

$$S^*(t) = S(0)\exp\left(-\frac{1}{2}\sigma^2 t + \sigma\,\hat{W}(t)\right)$$

unter Q ein Martingal ist. (Die Preise einer Option entsprechen dann dem Erwartungswert unter Q.)

Beweis. Für $t, u \in \mathbb{R}, u > t$ ist die folgende Gleichheit zu beweisen:

$$E^Q\left[S^*(u)|\mathcal{F}_t\right] = S^*(t).$$

Hierzu verwenden wir die folgende Notation: $u = t + \Delta t$, $W_u = W_t + \Delta W$ und $Z \sim \mathcal{N}(0,1)$.

$$E^Q\left[S^*(u)|\mathcal{F}_t\right]$$
$$= E^Q\left[S(0)\exp\left(-\frac{1}{2}\sigma^2 t + \sigma\,\hat{W}(t) + (-\frac{1}{2}\sigma^2\,\Delta t + \sigma\,\Delta\hat{W})\right)|\mathcal{F}_t\right]$$
$$= S(0)\exp\left(-\frac{1}{2}\sigma^2 t + \sigma\,W(t)\right) E^Q\left[\exp\left(-\frac{1}{2}\,\sigma^2\Delta t + \sigma\sqrt{\Delta t}Z\right)|\mathcal{F}_t\right]$$
$$= S^*(t).$$

Somit ist Q ein zu P äquivalentes Mass, unter welchem S^* ein Martingal ist. Mit den Worten eines Ökonomen: Es existiert (mindestens) ein konsistentes Preissystem.

Theorem 8.3.6. *In der oben definierten Ökonomie, gegeben durch $(\Omega, \mathcal{A}, P)$, S und B, beträgt der Preis einer Todesfallsumme $C(T)$ zur Zeit t*

$$\pi_t(T) = E^Q\left[\exp\left(-\delta(T-t)\right) C(T)|\mathcal{F}_t\right].$$

Bemerkung 8.3.7. Der wichtige Unterschied im Vergleich zum klassischen Modell besteht darin, dass der Erwartungswert nicht bezüglich P, sondern bezüglich Q berechnet werden muss. Zudem ist an dieser Stelle anzumerken, dass wir nicht bewiesen haben, dass es nur ein konsistentes Preissystem gibt.

Konkret bedeutet dies auch:

Satz 8.3.8. *Die Einmaleinlagen für das obige Marktmodell berechnen sich wie folgt:*

Erlebensfallversicherung:

$$V(0) = E^Q\left[\exp(-\delta T)\,C(T)\right] \cdot {}_T p_x.$$

Temporäre Todesfallversicherung:

$$V(0) = \int_0^T E^Q\left[\exp(-\delta t)\,C(t)\right] p_{**}(x, x+t)\,\mu_{*\dagger}(x+t)dt.$$

8.4 Die Berechnung der nötigen Einmaleinlagen

Bisher haben wir uns das Leben insofern einfach gemacht, indem wir dem Versicherungsnehmer keine garantierte Leistung versprochen haben. Im Folgenden wollen wir sehen, was mit einer "unit-linked"-Versicherung passiert, wenn wir eine zusätzliche Garantie versprechen. Als Erstes repetieren wir die Notation:

$C(\tau)$	Versicherungssumme zur Zeit τ,
$N(\tau)$	Anzahl Fondsanteile zur Zeit τ,
$S(\tau)$	Kurs der Wertschriften zur Zeit τ,
$G(\tau)$	Garantierte Leistung zur Zeit τ,
$C(\tau) = \max\{N(\tau)S(\tau), G(\tau)\}$	Versicherte Summe.

8.4.1 Erlebensfallversicherung

Satz 8.4.1. *Gegeben sei das Black-Scholes-Modell. Dann ist die Nettoeinmalprämie für eine reine Erlebensfallversicherung in der Höhe von*

$$C(T) = \max\{N(T)S(T), G(T)\}$$

gegeben durch

$${}_T G_x = {}_T p_x\left[G(T)\exp(-\delta T)\Phi(-d_2^0(T)) + S(0)N(T)\Phi(d_1^0(T))\right],$$

wobei

$$\Phi(y) \;=\; \frac{1}{\sqrt{2\pi}} \int_{-\infty}^{y} \exp(-\frac{x^2}{2})dx,$$

$$d_1^t(s) \;=\; \frac{\ln\left[\frac{N(s)S(t)}{G(s)}\right] + \left(\delta + \frac{1}{2}\sigma^2\right)(s-t)}{\sigma\sqrt{s-t}}, (s > t),$$

$$d_2^t(s) \;=\; \frac{\ln\left[\frac{N(s)S(t)}{G(s)}\right] + \left(\delta - \frac{1}{2}\sigma^2\right)(s-t)}{\sigma\sqrt{s-t}}, (s > t).$$

Beweis. Im Folgenden bezeichnen wir mit J^* stets den diskontierten Wert der Zufallsvariablen J. Der Wert der Erlebensfallleistung zur Zeit Null beträgt $E^Q[C^*(T)]$. Wir bezeichnen mit $Z = S^*(T)$. Dann gilt:

$$_TG_r = {_T}p_x \, E^Q\left[\max\{N(T)Z, G^*(T)\}\right]$$

und

$$Z = S(0)\exp\left(-\frac{1}{2}\sigma^2 T + \sigma\hat{W}(T)\right) \qquad \text{mit} \qquad \hat{W}(T) \sim \mathcal{N}(0, T).$$

Somit erhalten wir

$$_TG_x \;=\; {_T}p_x \int_{-\infty}^{\infty} \max\left[N(T)S(0)\exp(-\frac{1}{2}\sigma^2 T + \sigma\,\xi), G^*(T)\right] f(\xi)d\xi,$$

$$f(\xi) \;=\; \frac{1}{\sqrt{2\pi T}}\exp\left(-\frac{1}{2T}\xi^2\right).$$

Als Nächstes setzen wir $\bar{\xi} = \frac{1}{\sigma}\left[\ln\left(\frac{G^*(T)}{N(T)S(0)}\right) + \frac{1}{2}\sigma^2 T\right]$ und bemerken, dass falls $\xi > \bar{\xi}$ auch $N(T)Z > G^*(T)$. Dies bedeutet, dass sich die Einmaleinlage wie folgt berechnen lässt:

$$_TG_x \;=\; {_T}p_x\Bigg(G^*(T)\int_{-\infty}^{\bar{\xi}} f(\xi)d\xi$$

$$+ N(T)S(0)\int_{\bar{\xi}}^{\infty} \exp(-\frac{1}{2}\sigma^2 T + \sigma\,\xi)f(\xi)d\xi\Bigg)$$

$$=\; {_T}p_x\Bigg(G^*(T)\int_{-\infty}^{\bar{\xi}} f(\xi)d\xi$$

$$+ N(T)S(0)\int_{\bar{\xi}}^{\infty} \frac{1}{\sqrt{2\pi T}}\exp(-\frac{1}{2T}(\xi - \sigma T)^2 d\xi\Bigg).$$

Aus der obigen Gleichung folgt durch Vereinfachung der Terme das gewünschte Resultat.

8.4.2 Todesfallversicherung

Satz 8.4.2. *Gegeben sei das Black-Scholes-Modell. Dann ist die Nettoeinmalprämie für eine temporäre Todesfallversicherung in der Höhe von*

$$C(t) = \max\{N(t)S(t), G(t)\}$$

gegeben durch

$$G^1_{x:T} = \int_0^T \left(G(t) \exp(-\delta t)\Phi(-d_2^0(t)) + S(0)N(t)\Phi(d_1^0(t))_t p_x \mu_{x+t} \right) dt,$$

wobei

$$\Phi(y) \;=\; \int_{-\infty}^{y} \frac{1}{\sqrt{2\pi}} \exp\left(-\frac{x^2}{2}\right) dx,$$

$$d_1^t(s) \;=\; \frac{\ln\left[\frac{N(s)S(t)}{G(s)}\right] + \left(\delta + \frac{1}{2}\sigma^2\right)(s-t)}{\sigma\sqrt{s-t}},$$

$$d_2^t(s) \;=\; \frac{\ln\left[\frac{N(s)S(t)}{G(s)}\right] + \left(\delta - \frac{1}{2}\sigma^2\right)(s-t)}{\sigma\sqrt{s-t}},$$

für $s > t$.

Übung 8.4.3. Beweisen Sie den obigen Satz mit Hilfe der Methoden, welche wir bei der Erlebensfallversicherung angewendet haben.

8.5 Die Thielesche Differentialgleichung

Um die Thielesche Differentialgleichung herleiten zu können, müssen wir zuerst die Prämien für diesen Versicherungstyp einführen. Zu diesem Zweck bezeichnen wir mit $\bar{p}(t)$ die Prämiendichte zur Zeit t. Wegen des Äquivalenzprinzips gelten nun die beiden folgenden Gleichungen:

$$_T G_x \;=\; \int_0^{T} \bar{p}(t) \exp(-\delta t)_t p_x dt,$$

beziehungsweise

$$G^1_{x:T} \;=\; \int_0^T \bar{p}(t) \exp(-\delta t)_t p_x dt.$$

Auch in diesem Abschnitt wollen wir die reine Erlebensfallversicherung und die temporäre Todesfallversicherung getrennt betrachten. Für diese beiden Typen berechnen sich die Deckungskapitalien wie folgt:

Erlebensfallversicherung: $\quad V(t) = \quad _{T-t}p_{x+t}\pi_t(T)$

$$- \int_t^T \bar{p}(\xi)\exp(-\delta(\xi-t))_{\xi-t}p_{x+t}\,d\xi.$$

Todesfallversicherung: $\quad V(t) = \quad \int_t^T (\pi_t(\xi)\mu_{x+\xi} - \bar{p}(\xi)\exp(-\delta(\xi-t)))$

$$\times_{\xi-t}p_{x+t}\,d\xi,$$

wobei

$$\pi_t(s) = G(s)\exp(-\delta(s-t))\Phi(-d_2^t(s))$$
$$+N(s)S(t)\Phi(d_1^t(s)),$$

$$d_1^t(s) = \frac{\ln\left[\frac{N(s)S(t)}{G(s)}\right] + \left(\delta + \frac{1}{2}\sigma^2\right)(s-t)}{\sigma\sqrt{s-t}},$$

$$d_2^t(s) = \frac{\ln\left[\frac{N(s)S(t)}{G(s)}\right] + \left(\delta - \frac{1}{2}\sigma^2\right)(s-t)}{\sigma\sqrt{s-t}},$$

für $s > t$.

Bemerkung 8.5.1. – Die Reserven sind nicht wie im klassischen Fall deterministisch, sondern hängen vom Wert der zugrunde liegenden Wertschrift S ab.

– Es sei angemerkt, dass wir jetzt das Gebiet der deterministischen Differentialgleichungen verlassen und die Itô-Formel verwenden müssen, welche im rein stetigen Fall wie folgt lautet, wobei W eine standardisierte Brownsche Bewegung bezeichnet:

$$df(W) = f'\,dW + \frac{1}{2}f''\,ds.$$

Für die obigen Versicherungstypen gilt das folgende Theorem:

Theorem 8.5.2.   *1. Die Differentialgleichung für den Marktwert einer reinen Erlebensfallversicherung lautet:*

$$\frac{\partial V}{\partial t} = \bar{p}(t) + (\mu_{x+t} + \delta)\,V(t) - \frac{1}{2}\sigma^2 S(t)^2\frac{\partial^2 V}{\partial S^2} - \delta\,S(t)\frac{\partial V}{\partial S}.$$

2. Die Differentialgleichung für den Marktwert einer temporären Todesfallversicherung lautet:

$$\frac{\partial V}{\partial t} = \bar{p}(t) + (\mu_{x+t} + \delta)\,V(t) - C(t)\mu_{x+t} - \frac{1}{2}\sigma^2 S(t)^2\frac{\partial^2 V}{\partial S^2} - \delta\,S(t)\frac{\partial V}{\partial S}.$$

Bevor wir das Theorem beweisen, wollen wir noch einige Bemerkungen zur obigen Formel machen:

Bemerkung 8.5.3. 1. Für $\mu_{x+t} = \bar{p}(t) = 0\,\forall t$ erhält man die Black-Scholes-Formel.

2. Die ersten Terme der obigen Differentialgleichung entsprechen dem klassischen Fall. Dies bedeutet Abhängigkeit von den Prämien, der Sterblichkeit und dem Zins. Bedingt durch den Fonds kommt bei diesem Versicherungstyp zusätzlich der Term $-\frac{1}{2}\sigma^2 S(t)^2 \frac{\partial^2 V}{\partial S^2} - \delta\,S(t)\frac{\partial V}{\partial S}$ hinzu, welcher durch die Fluktuation der zugrunde liegenden Wertschrift S bedingt ist.

Beweis. Da

$$\pi_t^*(T) = \exp(-\delta t)\pi_t(T),$$

folgt aus der Definition von V die folgende Gleichung:

$$V(t) = {}_{T-t}p_{x+t}\pi_t^*(T)\exp(\delta t) - \int_t^T \bar{p}(\xi)\exp(-\delta(\xi - t))_{\xi-t}p_{x+t}d\xi$$

und somit

$$\pi_t^*(T) = \Psi(t)\left[V(t) + \int_t^T \bar{p}(\xi)\exp(-\delta(\xi - t))_{\xi-t}p_{x+t}d\xi\right],$$

wobei

$$\Psi(t) = \frac{\exp(-\delta t)}{{}_{T-t}p_{x+t}}.$$

Da π_t^* eine Funktion von S und t ist, können wir die Itô-Formel auf die Funktion $\pi_t^*(t, S)$ anwenden:

$$\begin{aligned}
dY_t &= U(t + dt, X_t + dX_t) - U(t, X_t)\\
&= \left(U_t dt + \frac{1}{2}U_{xx}b^2 dt\right) + U_x dX_t\\
&= \left(U_t + \frac{1}{2}U_{xx}b^2\right)dt + U_x\,b\,dB_t
\end{aligned}$$

und erhalten:

$$d\pi^* = \left(\frac{\partial\pi^*}{\partial t} + \frac{\partial\pi^*}{\partial S}a + \frac{1}{2}\frac{\partial^2\pi^*}{\partial S^2}b^2\right)dt + \frac{\partial\pi^*}{\partial S}b\,d\hat{W},$$

wobei wir wissen, dass

$$dS = \delta S(t)dt + \sigma S(t)d\hat{W}.$$

Somit ist $a = \delta S(t)$ und $b = \sigma S(t)$. Als Nächstes wollen wir die verschiedenen Terme für die obige Formel bestimmen:

$$\frac{\partial \pi_t^*}{\partial S} = \Psi(t)\frac{\partial V}{\partial S},$$

$$\frac{\partial^2 \pi_t^*}{\partial S^2} = \Psi(t)\frac{\partial^2 V}{\partial S^2}.$$

Um $\frac{\partial \pi^*}{\partial t}$ herzuleiten, berechnen wir zuerst:

$$\frac{\partial}{\partial t}{}_{\xi-t}p_{x+t} = \mu_{x+t}\,{}_{\xi-t}p_{x+t},$$

$$\frac{\partial}{\partial t}\Psi(t) = \left(\frac{A}{B}\right)' = \frac{A'}{B} - \frac{A}{B^2}B'$$

$$= -(\mu_{x+t}+\delta)\,\Psi(t).$$

Setzt man nun die obigen Terme ein, erhält man:

$$\frac{\partial \pi^*}{\partial t} = \frac{\partial \Psi}{\partial t}\left(V(t) + \int_t^T p(\xi)\exp(-\delta(\xi-t))_{\xi-t}p_{x+t}dt\right)$$

$$+ \Psi(t)\left(\frac{\partial V}{\partial t} + \frac{\partial}{\partial t}\int_t^T \bar{p}(\xi)\exp(-\delta(\xi-t))_{\xi-t}p_{x+t}dt\right)$$

$$= \Psi(t)\left(\frac{\partial V}{\partial t} - (\mu_{x+t}+\delta)\,V(t) - \bar{p}(t)\right),$$

durch Anwendung der Kettenregel auf den Term

$$\frac{\partial}{\partial t}\int_t^T \bar{p}(\xi)\exp(-\delta(\xi-t))_{\xi-t}p_{x+t}dt.$$

Wir erhalten schliesslich:

$$\pi_s^*(T) = \pi_t^*(T) + \int_t^s \Psi(\xi)\frac{\partial V}{\partial S}\sigma S d\hat{W}(\xi)$$

$$+ \int_t^s \Psi(\xi)\left[\frac{\partial V}{\partial S}\delta S + \frac{1}{2}\sigma^2 S^2\frac{\partial^2 V}{\partial S^2} - (\mu_{x+\xi}+\delta)V(\xi)\right.$$

$$\left. + \frac{\partial V}{\partial t}(\xi)\bar{p}(\xi)\right]d\xi.$$

Da $\pi^*(T)$ ein Martingal ist, muss der Driftterm verschwinden. Wir erhalten das gewünschte Resultat:

$$\frac{\partial V}{\partial t} = \bar{p}(t) + (\mu_{x+t}+\delta)\,V(t) - \frac{1}{2}\sigma^2 S(t)^2\frac{\partial^2 V}{\partial S^2} - \delta\,S(t)\frac{\partial V}{\partial S}.$$

Übung 8.5.4. Beweisen Sie den zweiten Teil des obigen Satzes.

9. Versicherungen mit stochastischem Zins

9.1 Einleitung

Nachdem wir im vorangegangenen Kapitel die Klasse der "unit-linked"-Produkte genauer betrachtet haben, wollen wir sehen, was passiert, wenn der technische Zins einem stochastischen Prozess folgt, der z.B. durch eine stochastische Differentialgleichung gegeben ist.

Wie immer werden wir annehmen, dass die ökonomischen Zufallsvariablen unabhängig von den Zufallsvariablen sind, welche den Zustand des zu versichernden Individuums beschreiben. Auch verwenden wir wieder die "arbitrage free pricing"-Theorie. Dies bedeutet, dass zur Bestimmung des Preises einer Wertschrift ein zum Originalmass äquivalentes Martingalmass gefunden werden muss. Die Preise berechnen sich dann als Erwartungswerte bezüglich des neuen Masses.

Definition 9.1.1 (Spotrate). *Im Folgenden bezeichnen wir mit r_t stets die Spotrate des Zinses, welche die momentane Verzinsung von Geldern charakterisiert. Mit*

$$\gamma_t := \beta_t^{-1} = \exp\left(\int_0^t r_s ds\right)$$

bezeichnen wir den im Intervall $[0, t]$ aufgelaufenen Zins. Diese Formel ergibt sich durch Lösen der folgenden stochastischen Differentialgleichung:

$$d\gamma_t = r_t \gamma_t \, dt,$$

mit $\gamma_0 = 1$.

Mit $B_t(s)$ bezeichnen wir den Wert einer Zinswertschrift (Zero coupon bond) zur Zeit t, welche zum Bezug von 1 zur Zeit s berechtigt.

9.2 Das Vasiček-Modell

Im Folgenden wollen wir ein spezifisches Zinsmodell vertieft betrachten. Es handelt sich hierbei um das Vasiček-Modell [Vas77] , welches durch die folgende stochastische Differentialgleichung gegeben ist:

M. Koller, *Stochastische Modelle in der Lebensversicherung*, 2nd ed.,
Springer-Lehrbuch, DOI 10.1007/978-3-642-11252-2_9,

$$dr_t = \alpha \left(\rho - r_t \right) dt + \sigma \, dW_t, \tag{9.1}$$

wobei $\alpha > 0$ und $\rho, \sigma \in \mathbb{R}$. Dieser Zinsprozess, welcher durch die Brownsche Bewegung W induziert wird, zeichnet sich dadurch aus, dass der Zins ohne Stochastik langfristig gegen ρ konvergieren würde (Mean-Reversion). Den stochastischen Prozess, welcher durch (9.1) gegeben ist, nennt man auch Ornstein-Uhlenbeck-Prozess.

Der Grund dafür, weshalb wir hier das Vasiček-Modell behandeln, besteht darin, dass man für dieses Modell die verschiedenen Grössen, wie z.B. den Diskontierungsfaktor, explizit berechnen kann, so dass die Resultate direkt angewendet werden können. Zudem kann dieses Modell auch einfach erweitert werden, indem statt W_t eine Brownsche Bewegung, ein anderer stochastischer Prozess, betrachtet wird [Nor98]. Ein Nachteil dieses Modells besteht darin, dass negative Zinsen mit positiver Wahrscheinlichkeit möglich sind.

Satz 9.2.1. *Für das Vasiček-Modell gelten folgende Aussagen:*

1. $r_t \sim \mathcal{N} \left(\rho + \exp(-\alpha\, t)\, (r_0 - \rho), \frac{\sigma^2}{2\alpha} \left(1 - \exp(-2\alpha t) \right) \right),$

2. $Cov(r_s, r_t) = \exp \left(-\alpha(s+t) \right) \frac{\sigma^2}{2\alpha} \left(\exp(2\alpha t) - 1 \right),$ *für $s \leq t$.*

Beweis. [Nor98], [Pro90], [KS88].

Übung 9.2.2. Berechnen Sie die 95% Konfidenzintervalle für r_t mit $\alpha = 0.1$, $\rho = 0.05$, $r_0 = 0.03$ und $\sigma = 0.01$ für die Dauer von 20 Jahren.

Als Nächstes wollen wir den im Intervall $[0, t]$ aufgelaufenen Zins $y(t) = \int_0^t r_s \, ds$ betrachten:

Satz 9.2.3. *Für das Vasiček-Modell gelten die folgenden Gleichungen:*

1. $E\left[y(t)\right] = \rho\, t + (r_0 - \rho) \frac{1 - \exp(-\alpha t)}{\alpha},$

2. $Var\left[y(t)\right] = \frac{\sigma^2}{\alpha^2} t + \frac{\sigma^2}{2\alpha^3} \left[-3 + 4\exp(-\alpha t) - \exp(-2\alpha t) \right],$

3. $Cov(y(s), y(t)) = \frac{\sigma^2}{\alpha^2} \min(s, t) + \frac{\sigma^2}{2\alpha^3} \Big[-2 + 2\exp(-\alpha s)$

$\qquad + 2\exp(-\alpha t) - \exp(-\alpha|t - s|) - \exp(-\alpha(t + s)) \Big].$

Beweis. Der obige Satz folgt aus Satz 9.2.1 durch Anwendung des Satzes von Fubini (Vertauschen der Integrationsreihenfolge).

Übung 9.2.4. Vervollständigen Sie den Beweis des vorangegangenen Satzes.

9.3 Portefeuillebetrachtungen

In diesem Abschnitt wollen wir den Einfluss des stochastischen Zinses auf den Wert des Gesamtportefeuilles untersuchen. Betrachtet man eine Versicherung mit deterministischem Zins, so sind die Barwerte der Zahlungsströme der Policen unabhängig und die Varianz von $V_{Tot} = \sum_{k=1}^{n} V_k$ strebt wie $1/n$ gegen Null (Zentraler Grenzwertsatz). Dies ist nicht mehr der Fall, wenn wir annehmen, dass die Verzinsung stochastisch ist. In diesem Fall sind die Barwerte nicht mehr unabhängig, da der Wertschriftenprozess für alle Policen identisch ist. Um die Aussagen herzuleiten, wollen wir uns auf das Wesentliche beschränken und in einem ersten Schritt folgende vereinfachenden Annahmen treffen:

— Wir betrachten ein zeitdiskretes Modell. Diese Annahme führt dazu, dass wir uns nicht mit doppelten Integralen befassen müssen.

— Wir gehen im Folgenden von einer Versicherung mit einer absorbierenden Ausscheideursache aus und nehmen an, dass das versicherte Ereignis stets am Ende der betrachteten Periode eintritt. Dies entspricht der gängigen Praxis bei einer Altersrente auf ein Leben oder bei Todesfallversicherungen, wie z.B. bei einer Gemischten Versicherung.

Um Folgerungen aus dem Modell ziehen zu können, ist es zuerst nötig, einige Notationen zu fixieren:

Definition 9.3.1. *Im Folgenden bezeichnen wir mit Z den Barwert der zukünftigen Leistungen, diskontiert auf den Zeitpunkt 0. Mit K bezeichnen wir den Zeitpunkt des Eintreffens des versicherten Ereignisses. Weiterhin nehmen wir an, dass bei dem Eintritt des versicherten Ereignisses zum Zeitpunkt $K = k$ eine Zahlung der Höhe b_k zum Zeitpunkt $t(k)$ fällig wird.*

Wie üblich bezeichnen wir, ausgehend von einer x-jährigen Person, mit

$$\begin{aligned} {}_tq_x &= P[K \leq t], \\ {}_tp_x &= 1 - {}_tq_x \end{aligned}$$

die Wahrscheinlichkeit, innerhalb von t Jahren zu sterben bzw. t Jahre zu überleben. Wir werden das Eintreten des versicherten Ereignisses mit "sterben" umschreiben, selbst wenn es sich im konkreten Fall um eine andere Ausscheideursache handelt.

Satz 9.3.2. *Mit Hilfe der obigen Notationen gilt die folgende Gleichung:*

$$A := E[Z] = \sum_{k=0}^{\infty} b_k E[\exp(-y(t(k)))] {}_kp_x q_{x+k},$$

wobei wir mit $\exp(-y(t)) = \exp(-\int_0^t r_s ds)$ den (zufälligen) Diskont von Zeitpunkt t nach 0 bezeichnen.

Beweis. Die obige Identität folgt direkt aus der Projektionseigenschaft des Erwartungswertes $(E[Z] = E[E[Z \mid K]])$ und den obigen Definitionen.

Ebenso können wir die höheren Momente von Z berechnen:

Satz 9.3.3. *Für $m \in \mathbb{N}$ berechnet sich das m-te Moment des Barwertes Z durch:*

$$E[Z^m] \;=\; \sum_{k=0}^{\infty} b_k^m E[\exp(-\tilde{y}(t(k)))]_k p_x q_{x+k},$$

$$\textit{wobei } \tilde{y}(t) \;=\; \int_0^t m\, r_\tau d\tau$$

den aufgelaufenen Zins mit der m-fachen Zinsintensität bezeichnet. Im Falle einer Versicherung, bei welcher alle Auszahlungen den Wert 0 oder 1 annehmen, vereinfacht sich die obige Formel zu

$$E[Z^m] \;=\; \sum_{k=0}^{\infty} b_k E[\exp(-\tilde{y}(t(k)))]_k p_x q_{x+k}.$$

Beweis. Die Gleichungen beweisen sich durch Berechnung der bedingten Erwartungswerte $E[Z^m \mid K]$:

$$\begin{aligned}
E[Z^m] \;&=\; E[E[Z^m \mid K]] \\
&=\; \sum_{k=0}^{\infty} E[Z^m \mid K = k]_k p_x q_{x+k} \\
&=\; \sum_{k=0}^{\infty} E[\{b_k \exp(-y(t(k)))\}^m]_k p_x q_{x+k} \\
&=\; \sum_{k=0}^{\infty} b_k^m E[\exp(-m\, y(t(k)))]_k p_x q_{x+k} \\
&=\; \sum_{k=0}^{\infty} b_k^m E[\exp(-\tilde{y}(t(k)))]_k p_x q_{x+k}.
\end{aligned}$$

Die zweite Gleichung folgt aus der Tatsache, dass $1^m = 1$ und $0^m = 0$.

Definition 9.3.4 (Portefeuilleannahmen). *Wir betrachten ein Portefeuille mit c identischen Policen und bezeichnen mit*

K_i *Zeitpunkt des Eintreffens des versicherten Ereignisses bei Police i,*
Z_i *Barwert der Versicherungsleistungen bei Police i.*

Mit

$$Z(c) := \sum_{k=1}^{c} Z_i$$

bezeichnen wir die Summe der Barwerte aller c Policen. Das Ziel der folgenden Untersuchung ist es, die Grösse Z zu analysieren. Hierzu müssen bestimmte Annahmen bezüglich des Portefeuilles getroffen werden:

A1   *Die Zeitpunkte des Eintreffens der Schäden sind unabhängig und identisch verteilt.*

A2   *Die vom Finanzmarkt induzierten Zufallsvariablen sind unabhängig von den Schadenzeitpunkten. Mit anderen Worten: die Familie $\{K_i : i = 1, ...c\}$ ist unabhängig von der Familie $\{\delta_\tau : \tau > 0\}$.*

A3   *Die Struktur aller Policen ist identisch. Das heisst, die bedingten Barwerte $\{Z_i \mid (y_n)_{n \in \mathbb{N}}\}_{i=1,...c}$ sind unabhängig und identisch verteilt.*

Bemerkung 9.3.5. Obwohl die bedingten Erwartungswerte der Barwerte unabhängig sind, trifft dies nicht auf die Barwerte selbst zu. Dies ist deshalb nicht der Fall, weil alle Barwerte denselben Diskont $\exp(-y(t))$ besitzen.

Als Erstes berechnen wir den Barwert des Gesamtportefeuilles:

Satz 9.3.6. *Treffen die Annahmen A1, A2 und A3 zu, berechnet sich der Barwert des Gesamtportefeuilles durch:*

$$E[Z(c)] = c\,E[Z_1].$$

Beweis.

$$E[Z(c)] = E[\sum_{k=1}^{c} Z_i] = \sum_{k=1}^{c} E[Z_i] = c\,E[Z_1].$$

Analog kann auch das zweite Moment berechnet werden:

Satz 9.3.7. *Gelten die Annahmen A1, A2 und A3, berechnet sich das zweite Moment des Barwerts des Gesamtportefeuilles durch:*

$$E[Z(c)^2] = c(c-1)E[Z_1\,Z_2] + c\,E[Z_1^2],$$

wobei

$$E[Z_1\,Z_2] = \sum_{i=0}^{\infty}\sum_{j=0}^{\infty} b_i\,b_j\,E[\exp(-y(t(i)) - y(t(j)))]\,_i p_x q_{x+i}\,_j p_x q_{x+j}.$$

Beweis. Der obige Satz folgt durch direkte Verifikation der Formeln:

$$
\begin{aligned}
E[Z(c)^2] &= E[(\sum_{i=1}^{c} Z_i)^2] \\
&= \sum_{i,j=1}^{c} E[Z_i\,Z_j] \\
&= \sum_{i=1}^{c} E[Z_i^2] + 2\sum_{i<j} E[Z_i\,Z_j].
\end{aligned}
$$

Nun können die einzelnen Teile berechnet werden:

$$
\begin{aligned}
E[Z_i^2] &= E[E[Z_i^2 \mid (y_n)_{n\in\mathbb{N}}]] \\
&= E[E[Z_1^2 \mid (y_n)_{n\in\mathbb{N}}]] \\
&= E[Z_1^2].
\end{aligned}
$$

Und analog für $i \neq j$:

$$
\begin{aligned}
E[Z_i\,Z_j] &= E[E[Z_i\,Z_j \mid (y_n)_{n\in\mathbb{N}}]] \\
&= E[E[Z_i \mid (y_n)_{n\in\mathbb{N}}] \times E[Z_j \mid (y_n)_{n\in\mathbb{N}}]] \\
&= E[E[Z_1 \mid (y_n)_{n\in\mathbb{N}}] \times E[Z_2 \mid (y_n)_{n\in\mathbb{N}}]] \\
&= E[Z_1\,Z_2].
\end{aligned}
$$

Durch Einsetzen der Resultate folgt die Behauptung.

Mit dem zweiten Moment des Portefeuilles können wir dessen asymptotische Varianz berechnen:

Satz 9.3.8. *Die asymtotische Varianz erfüllt die folgende Gleichung:*

$$
\lim_{c\to\infty} Var(\frac{Z(c)}{c}) = E[Z_1\,Z_2] - E[Z_1]^2.
$$

Beweis. Es gelten die folgenden Identitäten:

$$
\begin{aligned}
Var\left(\frac{Z(c)}{c}\right) &= E[(\frac{Z(c)}{c})^2] - E[\frac{Z(c)}{c}]^2 \\
&= \frac{c(c-1)}{c^2} E[Z_1\,Z_2] + \frac{c}{c^2} E[Z_1^2] - E[Z_1]^2 \\
&\to E[Z_1\,Z_2] - E[Z_1]^2 \text{ für } c\to\infty.
\end{aligned}
$$

Bemerkung 9.3.9. Im Gegensatz zum klassischen Fall mit einem deterministischen Zinssatz konvergiert die asymtotische Varianz für $c\to\infty$ nicht gegen Null. Dies bedeutet, dass die schwankenden Wertschriftenerträge zu einer positiven asymtotischen Varianz führen und dieses Risiko durch grosse Portefeuilles nicht weggemittelt werden kann.

Satz 9.3.10. *Treffen die Annahmen A1, A2 und A3 zu, berechnet sich das dritte Moment des Barwerts des Gesamtportefeuilles durch:*

$$
\begin{aligned}
E[Z(c)^3] &= c(c-1)(c-2)\, E[Z_1 Z_2 Z_3] \\
&+ c(c-1)\, E[Z_1^2 Z_2] \\
&+ c\, E[Z_1^3],
\end{aligned}
$$

wobei

$$
E[Z_1 Z_2 Z_3] = \sum_{i=0}^{\infty} \sum_{j=0}^{\infty} \sum_{k=0}^{\infty} b_i\, b_j\, b_k\, {}_i p_x q_{x+i}\, {}_j p_x q_{x+j}\, {}_k p_x q_{x+k}
$$
$$
\times E[\exp(-y(t(i)) - y(t(j)) - y(t(k)))],
$$

$$
E[Z_1^2 Z_2] = \sum_{i=0}^{\infty} \sum_{j=0}^{\infty} b_i^2\, b_j\, {}_i p_x q_{x+i}\, {}_j p_x q_{x+j}\, E[\exp(-2y(t(i)) - y(t(j)))],
$$

$$
E[Z_1^3] = \sum_{i=0}^{\infty} b_i^3\, {}_i p_x q_{x+i}\, E[\exp(-3y(t(i)))].
$$

Beweis. Der Beweis des obigen Satzes folgt analog zu dem Beweis der zweiten Momente. In einem ersten Schritt zerlegt man $E[Z(c)^3]$ in

$$
E[Z(c)^3] = \sum_{i,j,k=1}^{c} E[Z_i Z_j Z_k].
$$

Dann ordnet man die Terme nach deren Struktur und beweist die folgenden Identitäten:

$$
E[Z_i Z_j Z_k] = E[Z_1 Z_2 Z_3], \text{ falls } i \neq j \neq k \neq i,
$$

$$
E[Z_i^2 Z_j] = E[Z_1^2 Z_2], \text{ falls } i \neq j.
$$

Durch Einsetzen der obigen Identitäten folgt das gewünschte Resultat.

Satz 9.3.11. *Mit der Formel von Satz 9.3.10 lässt sich auch die asymptotische Schiefe $Sk(Z) := \frac{E[(Z-E[Z])^3]}{Var(Z)^{3/2}}$ berechnen:*

$$
\lim_{c \to \infty} Sk(Z(c)) = \frac{E[Z_1 Z_2 Z_3] - 3E[Z_1 Z_2] \times E[Z_1] + 2E[Z_1]^3}{(E[Z_1 Z_2] - E[Z_1]^2)^{3/2}}.
$$

Beweis. Um diesen Satz zu beweisen, definieren wir $W = \frac{Z(c)}{c}$. Nun gelten die folgenden Identitäten:

$$
\begin{aligned}
Sk(Z) &= \frac{E[(Z - E[Z])^3]}{Var(Z)^{3/2}} \\[2mm]
&= \frac{E[W^3 - 3W^2 E[W] + 3W E[W]^2 - E[W]^3]}{(Var(W))^{3/2}} \\[2mm]
&= \frac{1}{(Var(W))^{3/2}} \times \left[\frac{c(c-1)(c-2)}{c^3} E[Z_1 Z_2 Z_3] + \frac{c(c-1)}{c^3} E[Z_1^2 Z_2] \right. \\[2mm]
&\qquad + \frac{c}{c^3} E[Z_1^3] - 3\frac{cE[Z_1]}{c} \left\{ \frac{c(c-1)}{c^2} E[Z_1 Z_2] + \frac{c}{c^2} E[Z_1^2] \right\} \\[2mm]
&\qquad \left. + 3\frac{c^2 E[Z_1]^2}{c^2} \frac{cE[Z_1]}{c} - \left\{ \frac{cE[Z_1]}{c} \right\}^3 \right] \\[2mm]
&\to \frac{E[Z_1 Z_2 Z_3] - 3E[Z_1 Z_2] \times E[Z_1] + 2E[Z_1]^3}{(E[Z_1 Z_2] - E[Z_1]^2)^{3/2}}, \text{ für } c \to \infty.
\end{aligned}
$$

Die obigen Formeln stützen sich alle auf die explizite Berechnung des Sachverhalts. Dies steht im Gegensatz zu der bei dem Markovmodell verwendeten Rekursionstechnik, welche es erlaubt, die Aussage über die Dauer n auf die Aussage über die Dauer $n-1$ zurückzuführen.

Um Rekursionsgleichungen für die obigen Formeln herleiten zu können, sind folgende Annahmen nötig:

Definition 9.3.12 (Portefeuilleannahmen). *Wir betrachten ein Portefeuille mit c identischen Policen über dem Zustandsraum S und bezeichnen mit*

$_iX$ die Markovkette über dem Zustandsraum S, welche dem Zustand der i-Police entspricht,

W die Markovkette über dem Zustandsraum $\tilde{S}$, welche den Wertschriftenprozess steuert. Es gilt $v_t = \sum_{\iota \in \tilde{S}} I_\iota^W(t) v_\iota(t)$.

Mit Hilfe dieser Bezeichnungen und der folgenden Definitionen ist es nun möglich, denselben Sachverhalt für Versicherungen, welche mit Markovketten modelliert wurden, zu beschreiben:

Wir benutzen die folgenden Bezeichnungen:

$$
\begin{aligned}
V_{il}^\alpha(t) &= E[_1V^{+,\alpha}|_1X = i, W = l], \\
V_{ijl}^{\alpha\beta}(t) &= E[_1V^{+,\alpha}\,_2V^{+,\beta}|_1X = i, {}_2X = j, W = l], \\
V_{ijkl}^{\alpha\beta\gamma}(t) &= E[_1V^{+,\alpha}\,_2V^{+,\beta}\,_3V^{+,\gamma}|_1X = i, {}_2X = j, {}_3X = k, W = l],
\end{aligned}
$$

wobei $_1V^{+,\alpha}$ die α-te Potenz der prospektiven Reserve der ersten Police bezeichnet. Mit

$$Z(c) := \sum_{k=1}^{c} {}_k V^+$$

bezeichnen wir die Summe der Barwerte aller c Policen. Das Ziel der folgenden Untersuchung ist es, die Grösse Z zu analysieren. Hierzu müssen bestimmte Annahmen über das Portefeuille getroffen werden:

A1 *Die Prozesse $\{{}_i X \,|\, i = 1, \ldots, c\}$ sind unabhängig und identisch verteilt.*

A2 *Die vom Finanzmarkt induzierten Zufallsvariablen sind unabhängig von den Schadenzeitpunkten.*

A3 *Die Struktur aller Policen ist identisch. Das heisst, die bedingten Barwerte $\{{}_i V^+ \,|\, (y_n)_{n \in \mathbb{N}}, {}_i X = \iota\}_{i=1,\ldots c}$ sind unabhängig und identisch verteilt.*

Mit Hilfe der Portefeuilleannahmen können nun verschiedene Rekursionsformeln hergeleitet werden.

Satz 9.3.13. *Ausgehend von den obigen Bezeichnungen gelten die folgenden Aussagen*

$$E[Z(c)|\{{}_\kappa X(t) = i : \kappa = 1\ldots c, W(t) = w\}] \quad = \quad c\,E[V_1|{}_1 X(t) = i, W(t) = w],$$

$$
\begin{aligned}
E[Z(c)^2|\{{}_\kappa X(t) &= i : \kappa = 1, \ldots, c, W(t) = w\}] \\
&= cE[{}_1 V^2|{}_1 X(t) = i, W(t) = w] \\
&\quad + c(c-1)E[{}_1 V \,{}_2 V|{}_1 X(t) = i, {}_2 X(t) = i, W(t) = w],
\end{aligned}
$$

$$
\begin{aligned}
E[Z(c)^3|\{{}_\kappa X(t) &= i : \kappa = 1, \ldots, c, W(t) = w\}] \\
&= c(c-1)(c-2)E[{}_1 V \,{}_2 V \,{}_3 V|{}_1 X(t) = i, {}_2 X(t) = i, {}_3 X(t) = i, W(t) = w] \\
&\quad + c(c-1)E[{}_1 V^2 \,{}_2 V|{}_1 X(t) = i, {}_2 X(t) = i, W(t) = w] \\
&\quad + c\,E[{}_1 V^3|{}_1 X(t) = i, W(t) = w].
\end{aligned}
$$

Beweis. Der Beweis entspricht den Beweisen der Sätze 9.3.7 und 9.3.10.

Nachdem wir gesehen haben, dass die Formeln auch in diesem Fall angewendet werden können, ist es nötig, die einzelnen Teile zu berechnen. Wir führen mit Hilfe algebraischer Umformungen die Resultate zur Zeit t auf die Resultate zur Zeit $t+1$ zurück. Als Erstes berechnen wir $V_{ijl}^{1\,1\,1}(t)$.

Satz 9.3.14. *Für $V_{ijl}^{11}(t)$ mit $i, j \in S$ und $l \in \tilde{S}$ gilt für das zeitdiskrete Markovmodell die folgende Rekursion:*

$$
\begin{aligned}
V_{ijl}^{11}(t) &= \sum_{\tilde{i},\tilde{j},\tilde{l}} p_{i\tilde{i}}(t,t+1)\, p_{j\tilde{j}}(t,t+1)\, p_{l\tilde{l}}^{W}(t,t+1)\, v_l^2\, V_{\tilde{i},\tilde{j},\tilde{l}}^{11}(t+1) \\
&\quad + \sum_{\tilde{i},\tilde{j},\tilde{l}} p_{i\tilde{i}}(t,t+1)\, p_{j\tilde{j}}(t,t+1)\, p_{l\tilde{l}}^{W}(t,t+1)\, v_l\, V_{\tilde{i},\tilde{l}}^{1}(t+1)\, \Theta_{jj l}(t) \\
&\quad + \sum_{\tilde{i},\tilde{j},\tilde{l}} p_{i\tilde{i}}(t,t+1)\, p_{j\tilde{j}}(t,t+1)\, p_{l\tilde{l}}^{W}(t,t+1)\, v_l\, V_{\tilde{j},\tilde{l}}^{1}(t+1)\, \Theta_{ii l}(t) \\
&\quad + \sum_{\tilde{i},\tilde{j},\tilde{l}} p_{i\tilde{i}}(t,t+1)\, p_{j\tilde{j}}(t,t+1)\, p_{l\tilde{l}}^{W}(t,t+1)\, \Theta_{ii l}(t)\, \Theta_{jj l}(t),
\end{aligned}
$$

wobei wir wie zuvor mit

$$
\Theta_{ijk}(t) = a_i^{Pre}(t) + v_k(t)\, a_{ij}^{Post}(t)
$$

bezeichnen.

Beweis. Der Beweis folgt dem allgemeinen Prinzip, einerseits die aktuelle Periode und andererseits zukünftige Perioden zu betrachten. Man spaltet also die Summe in zwei Teile auf und findet so das gewünschte Resultat.

Es soll die Grösse $E[{}_1V^1\, {}_2V^1 \,|\, {}_1X_t = i,\, {}_2X_t = j,\, W_t = l]$ berechnet werden. Hierfür ist es sinnvoll, zuerst die folgende Formel zu betrachten:

$$
{}_1V^1 = \sum_{k=0}^{\infty} \left(\prod_{l=0}^{l<k} v_l \right) \left(\sum_{\iota \in I} I_\iota(k) a_\iota^{Pre}(k) + v_k \sum_{\iota,\kappa \in I} \Delta N_{\iota\kappa}(k) a_{\iota\kappa}^{Post}(k) \right).
$$

Analog kann man auch ${}_2V^1$ berechnen. In einem zweiten Schritt formen wir die Formel um zu

$$
{}_1V^1 = \sum_{k=0}^{\infty} \left(\prod_{l=0}^{l<k} v_l \right) \times \left(\sum_{\iota\kappa \in I} \Delta N_{\iota\kappa}(k) \Theta_{\iota\kappa\bullet}(k) \right).
$$

Jetzt kann man das Produkt ${}_1V^1 \times {}_2V^1$ berechnen. Dazu bezeichnen wir mit $\Upsilon^\iota(k)$ den gesamten Term in der ersten Summe. Die obigen Formeln vereinfachen sich zu

$$
{}_1V^1 = \sum_{k=0}^{\infty} \Upsilon^1(k). \tag{9.2}
$$

Nun können wir die folgenden Berechnungen durchführen:

$$
\begin{aligned}
{}_1V^1(x) \times {}_2V^1(x) &= \left(\sum_{k_1=x}^{\infty} \Upsilon^1(k_1)\right) \times \left(\sum_{k_2=x}^{\infty} \Upsilon^2(k_2)\right) \\
&= \left(\Upsilon^1(x) + \sum_{k_1=x+1}^{\infty} \Upsilon^1(k_1)\right) \times \left(\Upsilon^2(x) + \sum_{k_2=x+1}^{\infty} \Upsilon^2(k_2)\right) \\
&= (A_1 + A_2)(B_1 + B_2) \\
&= A_1 B_1 + A_2 B_1 + A_1 B_2 + A_2 B_2.
\end{aligned}
$$

Berechnet man die Erwartungswerte der obigen Ausdrücke, erhält man die gewünschten Resultate.

Aus dieser Berechnung wird deutlich, dass sich die Vorgehensweise auf beliebige Momente anwenden lässt, wobei die Formeln immer komplizierter werden. So kann man z.B. die folgende Formel beweisen:

Satz 9.3.15. *Es gilt die folgende Rekursionsformel:*

$$
\begin{aligned}
V_{ijl}^{12}(t) = &\sum_{\tilde{i},\tilde{j},\tilde{l}} p_{i\tilde{i}}(t,t+1)\, p_{j\tilde{j}}(t,t+1)\, p_{ll}^{W}(t,t+1)\, \Theta_{\tilde{i}\tilde{i}l}(t)\Theta_{j\tilde{j}l}(t)^2 \\
+ &\sum_{\tilde{i},\tilde{j},\tilde{l}} p_{i\tilde{i}}(t,t+1)\, p_{j\tilde{j}}(t,t+1)\, p_{ll}^{W}(t,t+1)\, v_l\, V_{\tilde{i},\tilde{l}}^{1}(t+1)\Theta_{j\tilde{j}l}(t)^2 \\
+ \;2&\sum_{\tilde{i},\tilde{j},\tilde{l}} p_{i\tilde{i}}(t,t+1)\, p_{j\tilde{j}}(t,t+1)\, p_{ll}^{W}(t,t+1)\, v_l\, V_{\tilde{j},\tilde{l}}^{1}(t+1)\Theta_{\tilde{i}\tilde{i}l}(t)\Theta_{j\tilde{j}l}(t) \\
+ \;2&\sum_{\tilde{i},\tilde{j},\tilde{l}} p_{i\tilde{i}}(t,t+1)\, p_{j\tilde{j}}(t,t+1)\, p_{ll}^{W}(t,t+1)\, v_l^2\, V_{\tilde{i},\tilde{l}}^{1}(t+1)\, V_{\tilde{j},\tilde{l}}^{1}(t+1)\Theta_{j\tilde{j}l}(t) \\
+ &\sum_{\tilde{i},\tilde{j},\tilde{l}} p_{i\tilde{i}}(t,t+1)\, p_{j\tilde{j}}(t,t+1)\, p_{ll}^{W}(t,t+1)\, v_l^2\, V_{\tilde{j},\tilde{l}}^{2}(t+1)\Theta_{j\tilde{j}l}(t) \\
+ &\sum_{\tilde{i},\tilde{j},\tilde{l}} p_{i\tilde{i}}(t,t+1)\, p_{j\tilde{j}}(t,t+1)\, p_{ll}^{W}(t,t+1)\, v_l^3\, V_{\tilde{i}\tilde{j},\tilde{l}}^{12}(t+1),
\end{aligned}
$$

wobei wir mit

$$
\Theta_{ijk}(t) = a_i^{Pre}(t) + v_k(t)\, a_{ij}^{Post}(t)
$$

bezeichnen.

Übung 9.3.16. Beweisen Sie den obigen Satz und versuchen Sie ein allgemeines Prinzip zur Herleitung der obigen Formeln zu finden. Hierfür ist es jeweils notwendig, die Summe (9.2) aufzuspalten in die in der aktuellen Periode fälligen Leistungen und diejenigen Leistungen, welche erst in zukünftigen Perioden fällig werden. Soll z.B. $E\left[XY^2Z^3\right]$ berechnet werden, muss

$$
(X_1 + X_2)(Y_1 + Y_2)^2(Z_1 + Z_2)^3
$$

betrachtet werden, wobei $\bullet_1$ stets die Zahlungen in der aktuellen Periode und $\bullet_2$ die zukünftigen Zahlungen für den entsprechenden Prozess bezeichnen. Wie lautet die Rekursionsformel für $V_{ijkl}^{111}(t)$?

9.4 Ein Modell für die Zinsstruktur

Nachdem wir die Auswirkungen eines stochastischen Zinses auf ein Portefeuille betrachtet haben, wollen wir uns in diesem Abschnitt einem konkreten Zinsmodell zuwenden und für dieses die Thieleschen Differentialgleichungen herleiten. Das Zinsmodell, welches wir verwenden, ist durch die folgende stochastische Differentialgleichung gegeben:

$$r_t = r_0 + \int_0^t \eta_t(r_s, s)ds + \int_0^t \sigma(r_s, s)dW,$$

wobei wir mit r_o die Spotrate zur Zeit 0 bezeichnen und annehmen, dass η und σ genügend regulär sind. Weiterhin nehmen wir an, dass $\hat{Z}$ ein $n-1$ dimensionaler Itô-Prozess ist und bezeichnen mit $Z = \begin{pmatrix} r \\ \hat{Z} \end{pmatrix}$, wobei

$$Z_t = Z_0 + \int_0^t \eta_Z(Z_s, s)ds + \int_0^t \sigma_Z(Z_s, s)ds,$$

mit $\eta_Z : \mathbb{R}^n \to \mathbb{R}^n$ und $\sigma_Z : \mathbb{R}^n \to \mathbb{R}^{n \times d}$. Schliesslich nehmen wir an, dass $B_t(s) = B_s(Z_t, t)$ für ein genügend reguläres B.

Unter den oben geschilderten Annahmen gilt der folgende Satz:

Satz 9.4.1. *B erfüllt die folgende stochastische Differentialgleichung:*

$$B_t(s) = B_0(s) + \int_0^t \eta_B(u, s)B_u(s)du + \int_0^t B_u(s)\sigma_B dW_u,$$

wobei

$$\eta_B(t, s) = \frac{1}{B_t(s)}\left\{ \frac{\partial B^T}{\partial Z}\eta_Z + \frac{\partial B}{\partial t} + \frac{1}{2}trace(\sigma_Z \sigma_Z^T \frac{\partial^2 B}{\partial Z^2}) \right\},$$

$$\sigma_B(t, s) = \frac{1}{B_t(s)}\sigma_Z^T \frac{\partial B}{\partial Z}.$$

Beweis. Dieser Satz ist eine direkte Anwendung der Itô-Formel (Thm. A.3.13) auf die obige Situation.

Lemma 9.4.2. *Falls das Marktmodell keine Arbitrage zulässt, existieren Funktionen $(\lambda_i(Z_t, t))_{i=1,\dots,d}$, welche die folgende Gleichung erfüllen:*

$$\lambda^T \sigma_B(t, s) = \eta_B(t, s) - r_t, \ \ mit \ 0 \leq s < t.$$

Beweis. [Vas77] und [CIR85].

Bemerkung 9.4.3. $-$ Wir nehmen im Folgenden an, dass die Funktionen λ unabhängig von der Maturität sind und

$-$ die Novikovsche Bedingung erfüllen:

$$E^{P_1}\left[\exp(\frac{1}{2}\int_0^T \lambda^T \lambda du)\right] \ < \ \infty. \tag{9.3}$$

Satz 9.4.4. *Falls das Marktmodell für die Zinsen keine Arbitrage zulässt und die Novikov-Bedingung (9.3) erfüllt, so können die Barwerte der Zero-Coupon-Bonds mit Verfall s zum Zeitpunkt t wie folgt berechnet werden:*

$$B_t(s) = E\left[\exp(-\int_t^s r_u du) \times \exp(-\int_t^s \lambda^T dW - \frac{1}{2}\int_t^s \lambda^T \lambda\, du) \mid \mathcal{G}_t\right].$$

Bemerkung 9.4.5. Nachdem wir den obigen Satz bewiesen haben, können wir das äquivalente Martingalmass wie folgt definieren:

$$\xi_t = \frac{dQ}{dP} = \exp(-\int_t^s \lambda^T dW - \frac{1}{2}\int_t^s \lambda^T \lambda\, du),$$

wobei die folgenden Bedingungen erfüllt sind:

1. $\xi_t \geq 0$,

2. $E^{P_1}[\xi_t] = 1$,

3. $Q_1(D) = E[\chi_D \xi_T]$ für alle $D \in \mathcal{G}$.

Beweis. Wir definieren:

$$
\begin{aligned}
A(u) \ &= \ -\int_t^u \left(r_v + \frac{1}{2}\lambda^T \lambda\right) dv - \int_t^u \lambda^T dW, \\
Y(u) \ &= \ B_u(s)\exp(A(u)).
\end{aligned}
$$

Als Nächstes betrachten wir $Y(u) := h(B_u(s), \exp(A(u)))$ und berechnen den Driftterm von dY, wobei wir verwenden, dass

$$dA = -(r + \frac{1}{2}\lambda^T \lambda)du + \lambda^T dW$$

und

$$dB = \eta_B \, B du + B \, \sigma_B^T dW.$$

Es stellt sich heraus, dass dieser identisch Null ist. Somit ist $Y(u)$ ein Martingal, und wir erhalten:

$$E\left[Y(s) \mid \mathcal{F}_t\right] = Y(t).$$

Da $Y(t) = B_t(s)$ und

$$Y(s) = E\left[\exp(-\int_t^s r_u)\,du \times \exp(-\int_t^s \lambda^T dW - \frac{1}{2}\int_t^s \lambda^T \lambda \, du) \mid \mathcal{G}_t\right],$$

folgt das gewünschte Resultat.

Mit dem obigen Satz können wir nun den Wert der Zero-Coupon-Bonds wie folgt berechnen:

Lemma 9.4.6.

$$B_t(s) = E^{Q_1}\left[\exp(-\int_t^s r_u du) \mid \mathcal{G}_t\right].$$

Beweis. Wir definieren

$$\xi_{t,s} = \exp(-\int_t^s \lambda \, dW - \frac{1}{2}\int_t^s \lambda^T \lambda \, du).$$

Für diese Grösse kann man in einem ersten Schritt zeigen, dass $E^{P_1}\left[\xi_{t,T}\right] = 1$ für $t \leq T$. Weiterhin wissen wir, dass

$$E^{Q_1}\left[\exp(-\int_t^s r_u du) \mid \mathcal{G}_t\right]$$

$$= E\left[\exp(-\int_t^s r_u du)\xi_{0,T} \mid \mathcal{G}_t\right] / E\left[\xi_{0,T} \mid \mathcal{G}_t\right]$$

ist. Die einzelnen Terme lassen sich wie folgt berechnen:

$$\begin{aligned} E^{P_1}\left[\xi_{0,T} \mid \mathcal{G}_t\right] &= \xi_{0,t} \times E^{P_1}\left[\xi_{t,T} \mid \mathcal{G}_t\right] \\ &= \xi_{0,t} \end{aligned}$$

und somit folgt auch

$$E^{P_1}\left[\exp(-\int_t^s r_u du)\xi_{0,T} \mid \mathcal{G}_t\right]$$

$$= E^{P_1}\left[\exp(-\int_t^s r_u du)\xi_{0,s} E^{P_1}[\xi_{s,T}|\mathcal{G}_s] \mid \mathcal{G}_t\right]$$

$$= E^{P_1}\left[\exp(-\int_t^s r_u du)\xi_{0,s} \mid \mathcal{G}_t\right]$$

$$= \xi_{0,t} \times E^{P_1}\left[\exp(-\int_t^s r_u du)\xi_{t,s} \mid \mathcal{G}_t\right].$$

Schliesslich erhalten wir

$$B_t(s) \;=\; \frac{\xi_{0,t} \times E^{P_1}\left[\exp(-\int_t^s r_u du)\xi_{t,s} \mid \mathcal{G}_t\right]}{\xi_{0,t}}$$

$$=\; E^{Q_1}\left[\exp(-\int_t^s r_u du) \mid \mathcal{G}_t\right].$$

Wir haben somit gesehen, dass man $\frac{dP}{dQ}$ wie oben wählen kann. Setzt man diese Gleichung ein und verwendet das Girsanov-Theorem, erhält man unter Q die folgenden Bewegungsgleichungen:

$$Z_t \;=\; Z_0 + \int_0^t [\eta_Z \sigma_Z \,\lambda]\,du + \int_0^t \sigma_Z^T d\widehat{W},$$

$$B_t(s) \;=\; B_0(s) + \int_0^t r_u\,B_u(s)du + \int_0^t B_u(s)\sigma_B^T d\widehat{W},$$

wobei $\widehat{W}_s$ eine standardisierte Brownsche Bewegung bezüglich Q bezeichnet.

9.5 Die Thielesche Differentialgleichung

Wir gehen von dem Zinsmodell in Abschnitt 9.4 aus. Zudem betrachten wir ein reguläres Versicherungsmodell. (Definition 4.5.6) Das Deckungskapital ist definiert durch

$$V_t^g \;=\; \int_t^T \Pi_t^g(u)du,$$

wobei

$$\Pi_t^g(u) \;=\; B_t(u) \times P_t^g(u),$$

$$P_t^g(u) \;=\; \sum_j p_{gj}(t,u)\left\{a_j(u) + \sum_{k \neq j} \mu_{jk}(u)a_{jk}(u)\right\}.$$

Um die Thielesche Differentialgleichung herzuleiten, wollen wir die partielle Ableitung des Deckungskapitals nach der Zeit berechnen und hierfür die Kettenregel verwenden:

$$\frac{\partial}{\partial t}V_t^g \;=\; \frac{\partial}{\partial t}\int_t^T \Pi_t^g(u)du,$$

$$\int_t^T \frac{\partial}{\partial t}\Pi_t^g(u)du \;-\; \frac{\partial V_t^g}{\partial t} + a_g(t) + \sum_{k \neq g} \mu_{gk}(t)a_{gk}(t).$$

Andererseits ist

$$B_t(u) = \frac{\Pi_t^g(u)}{P_t^g}.$$

Wegen des Satzes von Kolmogorov gilt nun

$$\frac{\partial}{\partial t} p_{gj}(t, u) = \sum_{k \neq g} \mu_{gk}(t) \left\{ p_{gj}(t, u) - p_{kj}(t, u) \right\}$$

und wir erhalten:

$$\begin{aligned}
\frac{\partial}{\partial t} B_t(u) &= \frac{\partial}{\partial t} \frac{\Pi_t^g(u)}{P_t^g} \\
&= \frac{1}{P_t^g} \left(\sum_{k \neq g} \mu_{gk}(t) \left\{ \Pi^k(u) - \Pi^g(u) \right\} + \frac{\partial}{\partial t} \Pi_t^g \right).
\end{aligned}$$

Auf der anderen Seite ist Π_t^g eine Funktion von Z. Somit kann der Driftterm von B_t nach dem Itô-Lemma auch wie folgt berechnet werden:

$$\begin{aligned}
\frac{1}{P_t^g} &\left(\frac{\partial \Pi^g(u)^T}{\partial Z} (\eta_Z - \sigma_Z \lambda) + \frac{1}{2} \text{trace}(\sigma_Z \sigma_Z^T \frac{\partial^2 \Pi_t^g(u)}{\partial Z^2}) \right. \\
&\left. + \sum_{k \neq g} \mu_{gk}(t) \left\{ \Pi^k(u) - \Pi^g(u) \right\} + \frac{\partial}{\partial Z} \Pi_t^g \right).
\end{aligned}$$

Wegen der stochastischen Differentialgleichung für B wissen wir, dass dieser Term auch wie folgt ausgedrückt werden kann:

$$r_t B_t(u) = \frac{1}{P_t^g} \Pi_t^g(u) \, r_t.$$

Aufgrund der Eindeutigkeit des Driftterms erhalten wir schliesslich die folgende partielle Differentialgleichung für Π^g:

$$\begin{aligned}
&\frac{\partial \Pi^g(u)^T}{\partial Z} (\eta_Z - \sigma_Z \lambda) + \frac{1}{2} \text{trace}(\sigma_Z \sigma_B^T \frac{\partial^2 \Pi_t^g(u)}{\partial Z^2}) \\
&+ \sum_{k \neq g} \mu_{gk}(t) \left\{ \Pi^k(u) - \Pi^g(u) \right\} + \frac{\partial}{\partial Z} \Pi_t^g - \Pi^g(u) \, r_u = 0.
\end{aligned}$$

Aus dieser Gleichung folgt die Thielesche Differentialgleichung für die obige Situation:

Theorem 9.5.1 (Thielesche Differentialgleichung). *Für ein reguläres Versicherungsmodell und den in Abschnitt 9.4 definierten Zinsprozess gilt die folgende partielle Differentialgleichung:*

$$\frac{\partial V_t^g}{\partial t} \;=\; r_t\, V_t - a_g(t) - \sum_{k\neq g} \mu_{gk}(t)\left\{a_{gk}(t) + V_t^k - V_t^g\right\}$$
$$- \left[\frac{\partial V_t^g}{\partial Z}(\eta_Z - \sigma_Z\,\lambda) + \frac{1}{2} trace(\sigma_Z \sigma_Z^T \frac{\partial^2 \Pi_t^g(u)}{\partial Z^2})\right].$$

Bemerkung 9.5.2. Die oben dargestellte Differentialgleichung zerfällt in die folgenden Teile:

1. Klassischer Teil: $r_t\, V_t^g - a_g(t) - \sum_{k\neq g} \mu_{gk}(t)\left\{a_{gk}(t) + V_t^k - V_t^g\right\}$

2. Stochastik des Zinses: $-\left[\frac{\partial V_t^g}{\partial Z}(\eta_Z - \sigma_Z\,\lambda) + \frac{1}{2}\mathrm{trace}(\sigma_Z \sigma_Z^T \frac{\partial^2 \Pi_t^g(u)}{\partial Z^2})\right]$

3. Der Term $-\sigma_Z\lambda$ kommt bei der obigen Formel hinzu, weil wir mit dem äquivalenten Martingalmass und nicht mit dem Originalmass rechnen müssen. Würden wir alle Berechnungen mit dem Originalmass durchführen, würde dieser Term verschwinden.

Beispiel 9.5.3. Im Folgenden wollen wir uns nochmals kurz dem Zinsmodell von Vasiček [Vas77] zuwenden (Abschnitt 9.2). Dort sind η und σ durch die beiden Funktionen

$$\eta(r_t, t) \;=\; \alpha\,(\rho - r_t),$$
$$\sigma(r_t, t) \;=\; \sigma,$$

gegeben. Daraus folgt die stochastische Differentialgleichung:

$$dr_t = \alpha(\rho - r_t)dt + \sigma\, dW_t.$$

Wenn wir annehmen, dass $\lambda = \lambda(r_t, t)$, gilt

$$B_0(t) = E^Q[\exp(-\int_0^t r_s ds)] = G_t\, \exp(-H_t\, r_t),$$

wobei

$$H_t \;=\; \frac{1 - \exp(-\alpha t)}{\alpha},$$
$$G_t \;=\; \exp((\rho - \frac{\lambda\sigma}{\alpha} - \frac{1}{2}(\frac{\sigma}{\alpha})^2)(H_t - t) - \frac{1}{\alpha}(\frac{\sigma H_t}{2})^2),$$

(Siehe [Vas77]).

Wendet man nun die obigen Formeln auf die Thielesche Differentialgleichung an, erhält man für eine Gemischte Versicherung

$$\frac{\partial \Pi}{\partial t} \;=\; (\mu_{x+t} + r_t)\Pi_t + \bar{p}_t - c_t\,\mu_{x+t} - \left[\frac{\partial \Pi}{\partial r}(\alpha(\rho - r) - \sigma\lambda) + \frac{1}{2}\sigma^2 \frac{\partial^2 \Pi}{\partial r^2}\right].$$

10. Technische Analyse

In diesem Kapitel wollen wir uns mit der technischen Analyse von Lebensversicherungspolicen befassen. Dies betrifft die eigentliche technische Analyse am Ende des Jahres. Hier stellt sich die Frage, ob die technischen Grundlagen erster Ordnung mit der Realität übereinstimmen oder ob sie angepasst werden müssen. Diese Analyse dient der Kontrolle des aktuellen Portefeuilles auf einjähriger Basis.

In den darauf folgenden Abschnitten wollen wir uns mit dem Profit-Testing und der Berechnung des Barwertes der zukünftigen Gewinne befassen. Solche Untersuchungen sind zur Berechnung der Profitabilität der Produkte notwendig.

10.1 Klassische technische Analyse

Für die technische Analyse einer Versicherungspolice ist es nötig, die Schäden, welche in einer bestimmten Zeitperiode eingetreten sind, mit den hierzu zur Verfügung stehenden finanziellen Mitteln zu vergleichen.

Als Erstes ist es notwendig, die entsprechenden Konzepte zur Berechnung der effektiven Schäden sowie der Spar- und Risikoprämien zur Verfügung zu stellen.

Um die technische Analyse durchführen zu können, muss für jeden Zustand $j \in S$ der übliche Folgezustand definiert werden. Die Definition des Folgezustandes ist modellabhängig und beschreibt die Zustandsübergänge, bei welchen kein Schaden eintritt. Betrachtet man eine klassische Lebensversicherung mit Zustandsraum $S = \{*, \dagger\}$, so wird der Folgezustand von $*$ normalerweise als $*$ definiert.

Definition 10.1.1 (Üblicher Folgezustand). *Mit*

$$\phi : S \to S, i \mapsto \phi(i)$$

bezeichnen wir den üblichen Folgezustand. Dies ist derjenige auf i folgende Zustand, für welchen der Schaden definitionsgemäss Null ist.

M. Koller, *Stochastische Modelle in der Lebensversicherung*, 2nd ed.,   143
Springer-Lehrbuch, DOI 10.1007/978-3-642-11252-2_10,
© Springer-Verlag Berlin Heidelberg 2010

Aus dem üblichen Folgezustand können folgende Grössen abgeleitet werden:

Definition 10.1.2 (Sparprämie). *Mit $\Pi_i^{(s)}$ bezeichnen wir die Sparprämie, ausgehend von Zustand i im Zeitintervall $]t, t+1]$. Sie berechnet sich durch:*

$$\Pi_i^{(s)}(t) = v_t^i \, V_{\phi(i)}(t+1) - V_i(t).$$

Die Sparprämie stellt denjenigen Geldbetrag dar, welcher zum Deckungskapital zur Zeit t hinzugezählt werden muss, um die notwendige Reserve im Folgezustand $\phi(i)$ zur Zeit $t+1$ zu erreichen.

Definition 10.1.3 (Technisch geschuldete Rente). *Der reguläre Zahlungsstrom oder auch die technisch geschuldete Rente entspricht:*

$$\Pi_i^{(tr)}(t) = a_i^{Pre}(t) + v_t^i \, a_{i\phi(i)}^{Post}(t).$$

Betrachtet man $\Pi_i^{(tr)}(t)$ bei einer prämienpflichtigen Versicherung, entspricht $\Pi_i^{(tr)}(t)$ der Prämie.

Definition 10.1.4 (Risikosumme und Risikoprämie). *Für $i \in S$ und $j \neq \phi(i)$ berechnet sich die Risikosumme $R_{ij}(t)$ durch*

$$R_{ij}(t) = V_j(t+1) + a_{ij}^{Post}(t) - (V_{\phi(i)}(t+1) + a_{i\phi(i)}^{Post}(t)).$$

Sie entspricht dem Schaden, welcher bei dem Übergang $i \rightsquigarrow j$ entsteht. Mit

$$\Pi_{ij}^{(r)}(t) = p_{ij}(t) \, v_t^i \, R_{ij}(t)$$

bezeichnen wir die dem Zustandsübergang $i \rightsquigarrow j$ zugeordnete Risikoprämie. $\Pi_i^{(r)}(t) = \sum_{j \neq \phi(i)} \Pi_{ij}^{(r)}(t)$ bezeichnet die totale Risikoprämie.

Mit Hilfe dieser Grössen ist es möglich, eine technische Analyse zu erstellen, indem der Schaden, welcher in diesem Jahr effektiv eingetreten ist, mit der Risikoprämie für den entsprechenden Übergang verglichen wird. Meist betrachtet man auch den Schadenquotienten $\dfrac{\text{Schaden}(i \rightsquigarrow j)}{\Pi_{ij}^{(r)}}$.

Beispiel 10.1.5. Falls für eine Todesfallversicherung die Sterbewahrscheinlichkeit um 15 % über der effektiv beobachteten Sterblichkeit liegt, beträgt der Schadenquotient im Schnitt etwa 85 % ($= 1/1.15$).

Wie wir gesehen haben, kann mit Hilfe der Risikoprämie und des Schadens gemessen werden, ob die biometrischen Grundlagen der aktuellen Situation angepasst sind.

Der folgende Satz stellt einen Zusammenhang zwischen den verschiedenen Arten der Prämie dar:

Satz 10.1.6. *Der reguläre Zahlungsstrom steht mit der Spar- und Risikoprämie in folgendem Zusammenhang:*

$$-\Pi_i^{(tr)}(t) = \Pi_i^{(r)}(t) + \Pi_i^{(s)}(t).$$

Diese Zerlegung der Prämie nennt man technische Zerlegung.

Beweis. Der Beweis der obigen Aussage folgt durch direkte Verifikation:

$$\Pi_i^{(r)}(t) + \Pi_i^{(s)}(t)$$

$$= \sum_{j \in S} v_t\, p_{ij}(t) \left(V_j(t+1) + a_{ij}^{Post}(t) - V_{\phi(i)}(t+1) - a_{i\phi(i)}^{Post}(t) \right)$$

$$+ \left(v_t V_{\phi(i)}(t+1) - V_i(t) \right)$$

$$= -v_t \left(V_{\phi(i)}(t+1) + a_{i\phi(i)}^{Post}(t) \right) \times p_{i\phi(i)}(t) - v_t \left(V_{\phi(i)}(t+1) + a_{i\phi(i)}^{Post}(t) \right)$$

$$\times \left(1 - p_{i\phi(i)}(t) \right) + v_t V_{\phi(i)}(t+1) - a_i^{Pre}(t)$$

$$= -\Pi_i^{(tr)}(t),$$

wobei wir die Thielesche Differenzengleichung verwendet haben.

Bemerkung 10.1.7. Satz 10.1.6 besagt, dass sich die Prämie in die Spar und die Risikoprämie unterteilen lässt. Dies entspricht dem Fall von Nettoprämien ohne Verwaltungskostenzuschläge. Im Falle von Bruttoprämien unterteilt man diese in drei Komponenten: Sparprämie, Risikoprämie und Kostenprämie.

10.2 Profit-Testing

Unter "Profit-Testing" versteht man die Analyse eines Lebensversicherungsproduktes über eine Zeitdauer. Man versucht, den Ertrag einer Lebensversicherungspolice in einer Periode $[t, t+1[$ in Abhängigkeit von den verschiedenen Parametern zu berechnen.

Der Gewinn, welcher bei dem Verkauf einer Police entsteht, ist vor allem durch die folgenden Effekte bedingt:

- Der grösste Beitrag zum Ertrag, welcher von einem Lebensversicherungskontrakt induziert wird, ergibt sich normalerweise aus dem Wertschriftenertrag. Geht man beispielsweise von einem Deckungskapital von 100'000 Fr. und einem Wertschriftenertrag von 5.1% aus (Technischer Zins: 3.5 %), ergibt sich ein Gewinn von 100 Fr. pro Jahr, bei einem gewährten Überschuss von 1.5 %.

– Neben dem Zinsüberschuss spielt auch die Gewährung eines Risikoüberschusses eine wichtige Rolle. Auch hier kann es sein, dass dem Kunden nicht der gesamte Risikoüberschuss zurückgegeben wird.

– Schliesslich darf auch der Effekt des Rückkaufs der Versicherung nicht vergessen werden. Hier entsteht ein Gewinn, weil dem Kunden bei dem Rückkauf der Versicherung nicht das gesamte Deckungskapital zugesprochen wird, sondern er vielmehr einen Abzug in Kauf nehmen muss. Nehmen wir z.B. an, dass 5 % aller Versicherungen pro Jahr zurückgekauft werden und dass der Rückkaufwert 97% des Deckungskapitals beträgt. In diesem Fall entspricht der erwartete Gewinn aus Rückkauf 0.15% des Deckungskapitals.

– Weiter kann ein Gewinn aus der Differenz zwischen den eingerechneten und den effektiven Verwaltungskosten resultieren.

Es ist an dieser Stelle anzumerken, dass nicht unbedingt alle der obigen Erträge einen positiven Beitrag zum Gewinn beisteuern müssen. Betrachten wir z.B. den Fall, in welchem eine Versicherungsgesellschaft einen derart hohen Zinsüberschuss verspricht, dass der benötigte Zins grösser ist als der effektiv erzielte Ertrag, so ist klar, dass das Ergebnis aus dem Wertschriftenertrag einen Verlust darstellt.

Der Sinn des Profit-Testing besteht darin, das Gewinnprofil in Abhängigkeit der Zeit zu berechnen und den Einfluss der verschiedenen Parameter zu bestimmen. Man versucht also, mit einem Modell die jährlich zu erwartenden Gewinne zu berechnen und zu sehen, was z.B. passieren könnte, falls sich die Sterblichkeit um 10% erhöht.

Es kann kaum Aufgabe dieses Buches sein, ein allgemein gültiges Modell für die Berechnung des Ertrags einer Versicherungsgesellschaft darzustellen, da hierbei die Spezifika jeder einzelnen Gesellschaft berücksichtigt werden müssten. Dennoch seien hier einige zusätzliche Effekte dargestellt, welche normalerweise berücksichtigt werden:

Gewinn/Verlust aus

– Wertschriftenertrag,

– Risiko,

– Rückkauf,

– Abschlusskosten,

– Verwaltungskosten,

– Steuern.

10.3 Embedded Value

In diesem Abschnitt geht es darum, das Konzept des Embedded Value darzustellen. Mit dieser Grösse wird versucht, den Wert einer Versicherungsgesellschaft, einer Geschäftseinheit oder eines Produktes zu messen. Deshalb ist diese Grösse sowohl für die Investoren als auch für die Unternehmensleitung von grossem Interesse. Neben der Messung des Unternehmenswertes eignet sich diese Grösse auch zur Festlegung der Entlohnung des Managements und des Verkaufs. Deshalb gibt es heute vermehrt Gesellschaften, welche den Bonus des Managements an den Embedded Value koppeln.

Das Konzept des Embedded Value wird in den angelsächsischen Ländern sehr häufig angewendet. Auch in Kontinentaleuropa nimmt die Bedeutung dieser Methode stetig zu.

Der Embedded Value setzt sich aus dem Barwert der zukünftigen Gewinne aus Versicherungspolicen und aus den freien Mitteln der Unternehmung zusammen. Freie Mittel bezeichnen diejenigen Werte der Versicherungsgesellschaft, welche nicht an Forderungen, insbesondere an Deckungskapitalien, gebunden sind. Sie wurden in der Vergangenheit durch jährliche, nicht den Aktionären ausgeschüttete Betriebsgewinne geäufnet. Die freien Mittel können normalerweise aus der Buchhaltung bestimmt werden. Neben den freien Mitteln besteht der Embedded Value aus dem sogenannten PVFP (Present Value of Future Profits). Diese Grösse muss durch entsprechende Modelle berechnet werden. Dies ist der Punkt, an welchem das Markovmodell in Erscheinung tritt: Es muss ein Modell für den Gewinnprozess hergeleitet werden.

An dieser Stelle wird deutlich, dass ein Modell zur Berechnung des PVFP an die verschiedenen Typen von Policen gebunden ist und die Berechnungen somit stark vom jeweiligen Produkt abhängen. Zudem kann die Komplexität des Modells, bedingt durch die verschiedenen Anforderungen, stark variieren. Die Komplexität des anzuwendenden Modells hängt sowohl von den länderspezifischen als auch von den produkt- und gesellschaftsspezifischen Gegebenheiten ab. Somit ist die Berechnung des PVFP weniger ein Problem des Modells an sich, sondern vielmehr ein Problem der Vielgestaltigkeit der Modelle und der grossen Anzahl verschiedener Produkte.

Zuerst sollen diejenigen Effekte aufgezeigt werden, welche den Gewinnprozess einer Versicherungsgesellschaft beeinflussen und welche unter Umständen modelliert werden müssen:

- Wertschriftengewinne/-verluste,

- Risikogewinne/-verluste,

- Kostengewinne/-verluste,

- Rückversicherung,

– Rückkäufe,

– Überschüsse.

Um die obigen Sachverhalte mit Hilfe des Markovmodells abzubilden, ist es nötig, die folgenden Begriffe zu definieren:

– Zustandsraum,

– Diskontierungsfunktionen,

– Vertragsfunktionen.

Nachdem die obigen Funktionen festgelegt sind, ist es problemlos möglich, die gesamte bisher dargestellte Theorie anzuwenden. So können beispielsweise die Verteilung oder die Momente des PVFP bestimmt werden. Diese Zahlen geben Aufschluss über die zeitliche Variabilität dieser Grösse. Zudem ist es ebenfalls möglich, ein gesamtes Portefeuille zu betrachten und so Aussagen darüber zu machen.

In einem nächsten Schritt müssen die verschiedenen Bestandteile des Modells definiert werden. Anschliessend wollen wir Beispiele betrachten.

10.3.1 Zustandsraum

Zur Berechnung des PVFP ist es nötig, einen der Problemstellung angepassten Zustandsraum zu betrachten. Dieser hängt von der zugrunde liegenden Versicherung ab. Zudem muss bei der Wahl des Zustandsraumes unterschieden werden, ob der Wertschriftenertrag deterministisch oder stochastisch modelliert werden soll. In letzterem Fall ist der Zustandsraum grösser. Betrachtet man eine Todesfallversicherung mit Zustandsraum $\{*, \dagger\}$ und will man sowohl den Rückkauf (Storno) als auch ein stochastisches Zinsmodell mit Markovschen Zinsintensitäten (Zustandsraum S_W) berücksichtigen, so muss für die Berechnung des PVFP der Zustandsraum $\{*, \dagger, \ddagger\} \times S_W$ gewählt werden, wobei $\ddagger$ den Zustand Storno bezeichnet.

Um die Konsistenz zwischen dem Modell für die Tarifierung mit Zustandsraum S_1 und dem Modell für die Berechnung des Embedded Value mit Zustandsraum S_2 zu gewährleisten, muss die Existenz einer Abbildung

$$\Phi : S_2 \to S_1, s_2 \mapsto s_1$$

postuliert werden, wobei der Zustandsraum S_1 unter Umständen um Zustände für in der Tarifierung nicht berücksichtigte Effekte erweitert werden muss.

Bei dem obigen Beispiel ist es in einem ersten Schritt nötig, den Zustandsraum S_1 um das Element $\ddagger$ zu erweitern, da die Vertragsrückkäufe bei der Tarifierung nicht explizit berücksichtigt wurden. Nun kann die Abbildung

$\Phi : S_2 = S_1 \times S_W \to S_1$ durch $(i,j) \in S_1 \times S_W \mapsto i$ definiert werden. Bildlich kann man sich vorstellen, dass S_2 durch die Aufspaltung der Zustände von S_1 entsteht, wobei Φ die Zuordnung der Zustände zwischen den beiden Modellen bestimmt.

10.3.2 Diskontierungsfunktionen

Hier geht es darum, die Diskontierungsfunktionen festzulegen. Hierbei ist zu bemerken, dass es dafür verschiedene Betrachtungsweisen gibt, welche nachstehend erläutert werden. Bei der klassischen Betrachtungsweise geht es darum, den Wert einer Versicherungsgesellschaft festzulegen. Man stellt sich auf den Standpunkt des Investors, welcher von dieser Anlage einen risikogerechten Ertrag erhalten will. Dementsprechend definiert man die Risk Discount Rate, welche im Prinzip dem Ertrag einer ähnlich risikoreichen Anlage entspricht. Als Anhaltspunkt kann die Rendite der Aktien des entsprechenden Segments gewählt werden. Daraus wird deutlich, dass dieser virtuelle Zins von den wirtschaftlichen Gegebenheiten abhängt.

Neben der Risk Discount Rate gibt es auch andere Möglichkeiten, den Diskont zu bestimmen. Wenn man den erwarteten Wert der Versicherungsgesellschaft sowie das Risiko der Versicherungsgesellschaft berechnen will, ist es nötig, ein stochastisches Zinsmodell zu wählen. Man kann hier diejenigen Modelle anwenden, welche wir in den vorangegangenen Kapiteln kennengelernt haben.

Abschliessend sei an dieser Stelle darauf hingewiesen, dass der PVFP massgebend von den gewählten Diskontierungsfunktionen abhängt.

10.3.3 Definition der Vertragsfunktionen

Nachdem der Zustandsraum und die Diskontierungsfunktionen bestimmt sind, müssen schliesslich noch die Vertragsfunktionen definiert werden. Hierzu ist es nötig, für jeden Zustandsübergang den innerhalb einer Zeiteinheit entstehenden Gewinn oder Verlust zu berechnen. Die Effekte, die hier berücksichtigt werden, hängen von dem Verwendungszweck und der gewünschten Präzision der Berechnung ab. Es werden hier vor allem diejenigen Effekte berücksichtigt, welche den Gewinn stark erhöhen oder vermindern. Dies bedeutet, dass bei sehr vielen Produkten die Modellierung des Gewinns/Verlustes aus Wertschriftenerträgen, Risiko und Rückkauf im Vordergrund stehen.

Es stellt sich nun die Frage, wie der Gewinn/Verlust für einen bestimmten Zustandsübergang am besten berechnet werden kann. Hierzu müssen die Geldströme, welche innerhalb eines Jahres fliessen, analysiert werden. Es ist günstig, sich vorzustellen, dass die Versicherungsgesellschaft zu Beginn des Jahres das Deckungskapital $V_{\Phi(i)}(t)$ und die entsprechenden Prämien erhält. Am Ende des Jahres muss sie das Deckungskapital $V_{\Phi(j)}(t+1)$ zurückgeben.

Zudem muss sie die verschiedenen Ausgaben wie Verwaltungskosten und Versicherungsleistungen finanzieren. Die folgende Tabelle zeigt diesen Sachverhalt exemplarisch auf:

Zeit	t	$t+1$	Bemerkung
t	$V_{\Phi(i)}(t) + P$		Einnahme: DK und Prämie
t	$-a_{\Phi(i)}^{Pre}(t)$		Ausgabe: Rente
t	Kosten		Ausgabe: Kosten
t	$\pm\ldots$		Andere
$t+1$		$-V_{\Phi(j)}(t+1)$	Ausgabe: DK
$t+1$		$-a_{\Phi(i)\Phi(j)}^{Post}(t)$	Ausgabe: Kapitalien
$t+1$		$-$ Überschüsse	Ausgabe: Überschüsse
$t+1$		$\pm\ldots$	Andere

10.3.4 Beispiele

Nachdem die Grundlagen für die Berechnung des PVFP geschaffen sind, soll es an dieser Stelle darum gehen, konkrete Beispiele zu betrachten.

Beispiel 10.3.1. Bei dem ersten Beispiel geht es um eine Gemischte Versicherung, welche gegen Einmaleinlage von 100'000 Fr. abgeschlossen wurde. Wir betrachten einen 40jährigen Mann und eine Versicherung mit einer Laufzeit von 10 Jahren. Da die Versicherung gegen Einmaleinlage abgeschlossen wurde, gehen wir davon aus, dass es bei dem Rückkauf keinen Abzug gibt, so dass dort für die Versicherungsgesellschaft kein zusätzlicher Gewinn entsteht. Zudem gehen wir von folgenden Prämissen aus:

- Die tarifarischen Verwaltungskosten betragen pro Jahr 0.6 % des Deckungskapitals zuzüglich eines Fixums von 150 Fr.

- Die tarifarischen Abschlusskosten betragen 5 % des Deckungskapitals zuzüglich eines Fixums von 200 Fr.

- Die effektiven jährlichen Verwaltungskosten betragen 210 Fr., wobei sie wegen der Inflation um 3.25 % pro Jahr erhöht werden.

- Die effektiven Abschlusskosten (Provision) betragen 7 % der Einmaleinlage.

- Wir gehen von einem technischen Zins von 4 % und einer Wertschriftenrendite von 5 % aus. Der Zinsüberschuss wird zu 95 % dem Versicherungsnehmer gutgeschrieben. Die verbleibenden 5 % stellen einen Gewinn für die Versicherungsgesellschaft dar.

– Die Risikomarge beträgt 10 %, wobei wir davon ausgehen, dass davon 90 % dem Versicherungsnehmer gutgeschrieben werden.

– Wir gehen von einer Risk Discount Rate von 7 % aus und bezeichnen mit s_x die jährliche Rückkaufswahrscheinlichkeit.

Unter den oben genannten Voraussetzungen ergibt sich eine Todes- und Erlebensfallsumme in Höhe von 130'064 Fr. Die technischen Grössen sind in Tabelle 10.1 dargestellt. In Tabelle 10.2 finden sich die hieraus resultierenden jährlichen Gewinne und Verluste. Die Analyse dieser Zahlen zeigt die Abhängigkeit des Ergebnisses vom Policenjahr auf. Hierbei fällt der Verlust im ersten Jahr auf, welcher durch die Provision bedingt ist. Abbildung 10.1 zeigt denselben Sachverhalt in grafischer Weise.

Tabelle 10.1. Technische Daten Gemischte Versicherung

Alter	q_x	$_1p_x$	Leistung bei Tod	DK	Kosten-prämie	Risiko-prämie
40	0.0011	0.9989	130'064	100'000	5'950.00	35.04
41	0.0012	0.9988	130'064	97'812	736.87	34.46
42	0.0013	0.9987	130'064	100'927	755.56	33.39
43	0.0015	0.9985	130'064	104'149	774.89	31.92
44	0.0016	0.9984	130'064	107'480	794.88	29.81
45	0.0018	0.9982	130'064	110'927	815.56	27.10
46	0.0020	0.9980	130'064	114'492	836.95	23.08
47	0.0022	0.9978	130'064	118'183	859.10	17.44
48	0.0025	0.9975	130'064	122'004	882.02	9.82
49	0.0027	0.9973	130'064	125'962	905.77	-

Der Barwert der zukünftigen Gewinne beträgt im obigen Beispiel 381.87 Fr., wobei 122.82 Fr. aus der Verwaltung der Police, 13.54 Fr. aus der Risikodeckung und 245.51 Fr. aus dem Wertschriftenertrag stammen. Der IRR (Internal Rate of Return) beträgt bei dieser Police etwa 8.7 %. In einem nächsten Schritt kann man versuchen, die Sensitivität des PVFP in Abhängigkeit der verschiedenen Parameter zu untersuchen. Da im obigen Beispiel die Gewinne zu einem grossen Teil aus der Verwaltung der Policen resultieren, wollen wir schauen, wie sich der Barwert der künftigen Gewinne in Abhängigkeit von s_x verändert. Hierzu multiplizieren wir s_x mit einem Faktor γ. Wir stellen fest, dass der Gewinn auf 773.44 Fr. steigt, wenn man die Rückkäufe um 20 % reduzieren kann. Auf der anderen Seite sinkt dieser Wert auf 28.05 Fr., wenn wir von einer um 20 % erhöhten Rückkaufswahrscheinlichkeit ausgehen. Aus diesen Zahlen wird der Sinn solcher Berechnungen deutlich, da sie es dem Management erlauben, die Auswirkungen bestimmter Entscheidungen zu bewerten.

Tabelle 10.2. Profit/Loss Profil einer Gemischten Versicherung gegen Einmaleinlage

Alter	Ertrag	s_x	$_tp_x$	P/L Kosten	P/L Risiko	P/L Anlage	P/L Total
40	5%	0.2000	1.0000	-1'260.00	3.50	46.11	-1'210.39
41	5%	0.1400	0.7989	371.84	2.75	38.76	413.36
42	5%	0.0800	0.6860	294.48	2.29	34.35	331.12
43	5%	0.0800	0.6302	257.22	2.01	32.57	291.80
44	5%	0.0800	0.5789	221.49	1.73	30.87	254.09
45	5%	0.0800	0.5316	187.17	1.44	29.26	217.88
46	5%	0.0800	0.4882	154.14	1.13	27.74	183.00
47	5%	0.0800	0.4481	122.28	0.78	26.28	149.35
48	5%	0.0800	0.4113	91.51	0.40	24.90	116.82
49	5%	0.0800	0.3773	61.73	-	23.59	85.33
Total				122.82	13.54	245.51	**381.87**

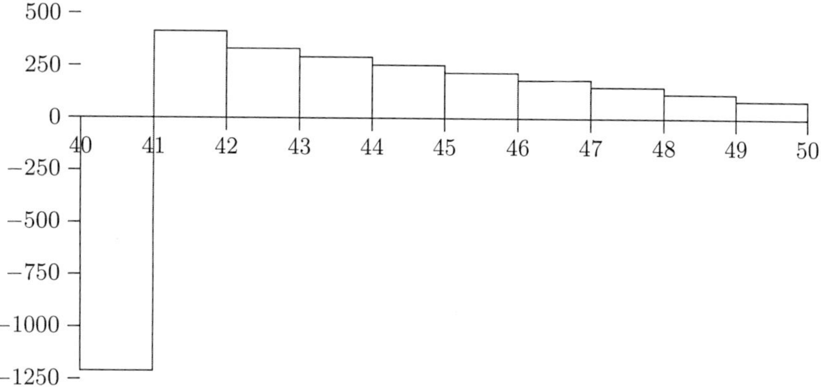

Abbildung 10.1. Profit/Loss Profil einer Gemischten Versicherung

Nachdem wir bei dem obigen Versicherungstyp den Barwert der zukünftigen Gewinne berechnet haben, wollen wir uns nun mit einem komplizierteren Beispiel befassen. Wir betrachten eine anwartschaftliche Invalidenrente wie in Abschnitt 6.6. Das Problem bei diesem Versicherungstyp besteht darin, dass die Invalidierungswahrscheinlichkeiten vom Wirtschaftsverlauf abhängen und in der Zeit variieren. Im folgenden Beispiel werden wir diesen Sachverhalt modellieren.

Beispiel 10.3.2. Um den Effekt der sich ändernden Grundlagen zu analysieren, ist es nötig, das Invaliditätsmodell in dem Sinne zu verallgemeinern, dass der Zustand $*$ weiter in eine Menge von Zuständen $*_1$ bis $*_m$ unterteilt wird. Für einen Zustand $*_m$ beträgt i_x (Invalidierungswahrscheinlichkeit $p_{*_k\diamond_1}(x)$) ein Vielfaches des für die Tarifierung angenommenen i_x^{Ref}.

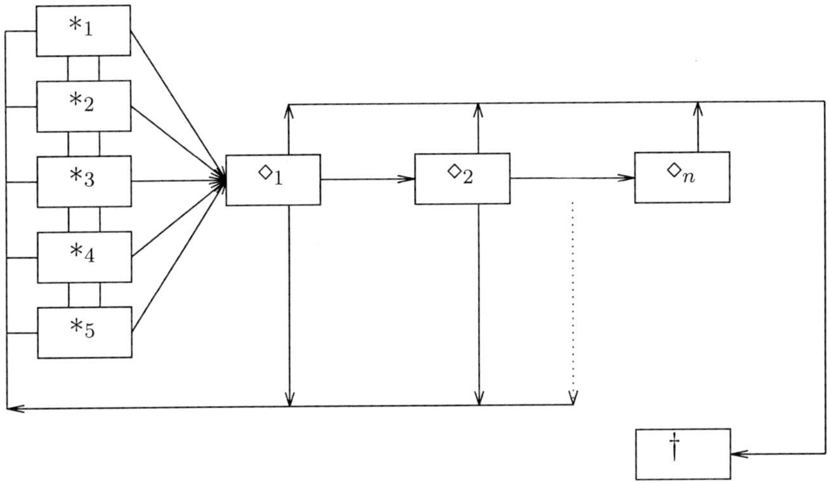

Abbildung 10.2. Modell für Invalidität

Wir nehmen zusätzlich an, dass die Übergänge zwischen den Zuständen $*_k$ einer homogenen Markovkette folgen. Das Invaliditätsmodell, welches wir für die Tarifierung verwenden, entspricht dem Beispiel aus Abschnitt 6.6, wobei wir von 6 Zuständen für Invalide ausgehen. Um den PVFP zu berechnen, ist es nötig, das entsprechende Modell zu definieren. Wir berücksichtigen hier ausschliesslich die Gewinne und Verluste, welche aus der sich ändernden Invalidierungswahrscheinlichkeit resultieren. Abbildung 10.2 zeigt das entsprechende Zustandsdiagramm. Zur Berechnung des PVFP gehen wir von folgenden Prämissen aus:

- Die Invalidenrente beträgt 10'000 Fr. und ist 1/1 vorschüssig zahlbar.

- Technischer Zinssatz 4 %. Risk Discount Rate 8 %.

- Wir betrachten $m = 6$ und nehmen an, dass $i_x^k = \gamma_k \times i_x^{\mathrm{Ref}}$, mit $\gamma = \{1.5,\, 1.3,\, 1.1,\, 0.9,\, 0.7,\, 0.5\}$. Diese Annahme bedeutet, dass die effektive Invalidierungswahrscheinlichkeit im Zustand $*_4$ 90 % der tarifarisch angenommenen Invalidierungswahrscheinlichkeit beträgt.

- Die Übergangswahrscheinlichkeit $p_{*_i, *_k}$ ist durch

$$
P = \begin{pmatrix}
0.70 & 0.20 & 0.10 & -\!- & -\!- & -\!- \\
0.10 & 0.70 & 0.10 & 0.10 & -\!- & -\!- \\
0.10 & 0.10 & 0.60 & 0.10 & 0.10 & -\!- \\
-\!- & 0.10 & 0.10 & 0.60 & 0.10 & 0.10 \\
-\!- & -\!- & 0.10 & 0.10 & 0.70 & 0.10 \\
- & -\!- & -\!- & 0.10 & 0.20 & 0.70
\end{pmatrix}
$$

gegeben.

– Bei einer Reaktivierung beträgt die Wahrscheinlichkeit, in jeden der sechs aktiven Zustände zu kommen, 1/6.

– Wir betrachten eine 30jährige Person und nehmen an, dass die Versicherung im Alter von 65 Jahren endet.

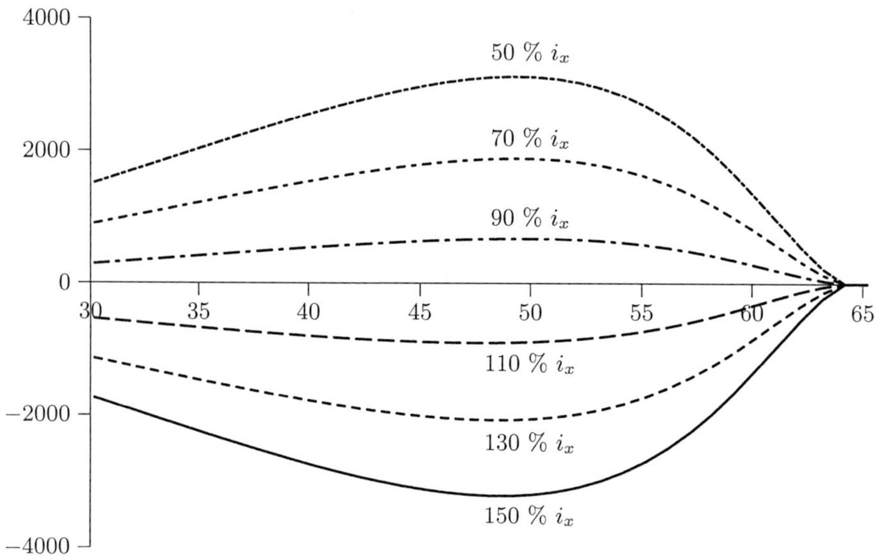

Abbildung 10.3. Profit/Loss Profil einer Invaliditätsversicherung

Um die Berechnung des PVFP zu verstehen, ist es sinnvoll, ein Beispiel zu betrachten. Das Deckungskapital für einen 55jährigen Aktiven beträgt 9'607 Fr. Für eine 56jährige Person beträgt das Deckungskapital als Aktiver 8'352 Fr., als Invalider 57'353 Fr. Dies bedeutet, dass sich für den 55jährigen Mann (am Ende des Jahres) die folgenden Gewinne und Verluste ergeben können:

Von	Nach	P/L
$*_k$	$*_l$	1'702 Fr.
$*_k$	$\dagger$	10'376 Fr.
$*_k$	$\diamond_1$	-49'183 Fr.

Der Verlust, welcher sich bei der Invalidierung am Ende des Jahres ergibt, kann durch folgende Rechnung verifiziert werden:

	per 1.1	per 31.12
DK Anfang Jahr	9'607 Fr.	
Schadenreserve	-55147 Fr.	-57'353 Fr.
Summe Anfang Jahr	-45'540 Fr	
Summe Ende Jahr		**- 49'183 Fr.**

Auf die obige Weise kann man für jeden Zustandsübergang den Gewinn oder Verlust berechnen und findet mit Hilfe der Thieleschen Differenzengleichung für $x = 30$ die folgenden Resultate:

Zustand	Niveau	PVFP
$*_1$	$150\% \times i_x$	-1732.50 Fr.
$*_2$	$130\% \times i_x$	-1138.26 Fr.
$*_3$	$110\% \times i_x$	-538.06 Fr.
$*_4$	$90\% \times i_x$	295.12 Fr.
$*_5$	$70\% \times i_x$	902.39 Fr.
$*_6$	$50\% \times i_x$	1515.75 Fr.

Aus dieser Darstellung wird deutlich, dass der Barwert der zukünftigen Gewinne massgebend vom Niveau der Invalidierungswahrscheinlichkeit abhängt. Wenn wir für den Moment von einem Schadenquotienten von 90 % ausgehen, beträgt der PVFP etwa 300 Fr., was ca. 3% einer Jahresrente entspricht. Steigt die Schadenquote um 20 %, so beträgt der Barwert des Verlustes bereits 5 % der Jahresrente.

Aus solchen Untersuchungen kann auf die für einen Tarif erforderlichen Margen geschlossen werden. Abbildung 10.3 zeigt den PVFP in Abhängigkeit des Niveaus der Invalidierungswahrscheinlichkeit.

Für weitergehende Informationen im Bezug auf den Embedded Value sei auf [CFO08] verwiesen.

A. Hinweise zur Theorie der stochastischen Integration

Dieser Anhang soll die notwendigen Definitionen und Resultate über Martingale und stochastische Integration aufzeigen. Es kann hier natürlich keinesfalls darum gehen, alle Sätze zu beweisen. Vielmehr wollen wir die verschiedenen Resultate aufzeigen und auf die entsprechende Literatur verweisen! Als Literatur wäre hierbei [Pro90] und [IW81] zu nennen.

A.1 Stochastische Prozesse und Martingale

Definition A.1.1. *Einen Wahrscheinlichkeitsraum $(\Omega, \mathcal{A}, P)$ nennt man filtriert, falls $\mathbb{F} = (\mathcal{F}_t)_{t \geq 0}$ eine Familie von $\sigma-$Algebren existiert, mit*

1. $\mathcal{F}_0 \supset \{A \in \mathcal{A} | P(A) = 0\}$,

2. $\mathcal{F}_s \subset \mathcal{F}_t$ für $s \leq t$.

Die Filtrierung nennt man rechtsstetig, falls $\mathcal{F}_t = \bigcap_{t' > t} \mathcal{F}_{t'}, \forall t \geq 0$.

Definition A.1.2. *Eine Zufallsvariable $T : \Omega \to [0, \infty]$ nennt man Stoppzeit, falls $\{T \leq t\} \in \mathcal{F}_t$ für alle $t \in \mathbb{R}_+$.*

Satz A.1.3. *T ist genau dann eine Stoppzeit, falls $\{T < t\} \in \mathcal{F}_t$ für alle $t \in \mathbb{R}_+$. ([Pro90] Thm. 1.1.1.)*

Definition A.1.4. *Seien X, Y zwei stochastische Prozesse. X und Y heissen Modifikationen, falls*

$$X_t = Y_t \qquad P-\text{fast überall für alle } t.$$

X und Y heissen identisch, falls

$$X_t = Y_t, \forall t \qquad P-\text{fast überall.}$$

Definition A.1.5. *1. Einen stochastischen Prozess nennt man càdlàg (continue à droite, limites à gauche), falls seine Trajektorien rechtsstetig sind, mit Grenzwerten von links.*

M. Koller, *Stochastische Modelle in der Lebensversicherung*, 2nd ed.,
Springer-Lehrbuch, DOI 10.1007/978-3-642-11252-2,
© Springer-Verlag Berlin Heidelberg 2010

2. *Einen stochastischen Prozess nennt man* càglàd *(continue à gauche, limites à droite), falls seine Trajektorien linksstetig sind, mit Grenzwerten von rechts.*

3. *Einen stochastischen Prozess nennt man* adaptiert, *falls* $X_t \in \mathcal{F}_t$ *(X_t ist $\mathcal{F}_t$-messbar).*

Satz A.1.6. *1. Sei Λ eine offene Menge und X ein adaptierter càdlàg-Prozess. Dann ist $T := \inf\{t \in \mathbb{R}_+ : X_t \in \Lambda\}$ eine Stoppzeit.*

2. Seien S, T Stoppzeiten und $\alpha > 1$. Dann sind auch die folgenden Zufallsvariablen Stoppzeiten: $\min(S, T)$, $\max(S, T)$, $S + T$, $\alpha \cdot T$.

Beweis. [Pro90] Thm. 1.1.3 und Thm. 1.1.5.

Definition A.1.7. *Sei $(\Omega, \mathcal{A}, (\mathcal{F}_t)_{t \geq 0}, P)$ ein filtrierter Wahrscheinlichkeitsraum. Einen stochastischen Prozess nennt man* Martingal, *falls*

- $X_t \in L^1(\Omega, \mathcal{A}, P)$, *d.h.* $E[|X_t|] < \infty$,
- *Für $s < t$ folgt $E[X_t | \mathcal{F}_s] = X_s$.*

Bemerkung A.1.8. Falls bei der obigen Gleichung das "=" durch "≤" (resp. "≥") ersetzt wird, nennt man X ein Supermartingal (resp. ein Submartingal).

Theorem A.1.9. *Sei X ein Supermartingal. Dann sind die beiden folgenden Bedingungen äquivalent:*

1. Die Abbildung $T \to \mathbb{R}, t \mapsto E[X_t]$ ist rechtsstetig.

2. Es existiert genau eine Modifikation Y von X, welche càdlàg ist.

Beweis. [Pro90] Thm. 1.2.9.

Satz A.1.10. *Sei X ein Martingal. Dann existiert genau eine Modifikation Y von X, welche càdlàg ist.*

Theorem A.1.11 (Doobscher Stoppsatz). *Sei X ein rechtsstetiges Martingal, welches durch X_∞ abgeschlossen ist, d.h. $X_t = E[X_\infty | \mathcal{F}_t]$. Weiterhin seien S und T zwei Stoppzeiten mit $S \leq T$ P–fast überall. Dann gelten die folgenden Aussagen:*

1. X_S, $X_T \in L^1(\Omega, \mathcal{A}, P)$,

2. $X_S = E[X_T | \mathcal{F}_S]$.

Beweis. [Pro90] Thm. 1.2.16.

Definition A.1.12. *Sei X ein stochastischer Prozess und T eine Stoppzeit. Mit $(X_t^T)_{t \geq 0}$ bezeichnen wir den gestoppten stochastischen Prozess, definiert durch $X_t^T = X_{\min(t,T)}$ für $t \geq 0$.*

Theorem A.1.13 (Jensen-Ungleichung). *Sei $\phi : \mathbb{R} \to \mathbb{R}$ eine konvexe Funktion und $X \in L^1(\Omega, \mathcal{A}, P)$ mit $\phi(X) \in L^1(\Omega, \mathcal{A}, P)$. Weiterhin sei $\mathcal{G}$ eine σ-Algebra. Dann gilt die folgende Ungleichung:*

$$\phi \circ E[X|\mathcal{G}] \leq E[\phi(X)|\mathcal{G}].$$

Beweis. [Pro90] Thm. 1.2.19.

A.2 Stochastische Integrale

In diesem Abschnitt wollen wir eine kurze Einführung in die Theorie der stochastischen Integration geben. Wir folgen hierbei dem von [Pro90] gewählten Zugang.

Im Wesentlichen kann man die stochastische Integration von Semimartingalen als trajektorienweise Stieltjes-Integration betrachten, wie man sie von den Analysisvorlesungen her kennt. Die Idee hinter dieser Integration ist es, den Grenzwert von Summen der Form

$$\sum f(T_k) \, (T_{k+1} - T_k)$$

für immer stärkere Verfeinerungen zu bilden. Im Folgenden sei ein filtrierter Wahrscheinlichkeitsraum $(\Omega, \mathcal{A}, (\mathcal{F}_t)_{t \geq 0}, P)$ gegeben, welcher die üblichen Regularitätsbedingungen erfüllt.

Definition A.2.1. *1. Einen stochastischen Prozess H nennt man einfach vorhersagbar, falls er in der Form*

$$H_t = H_0 \cdot \chi_{\{0\}}(t) + \sum_{i=1}^{n} H_i \cdot \chi_{]T_i, T_{i+1}]}(t)$$

dargestellt werden kann mit

$$0 = T_1 \leq \ldots \leq T_{n+1} < \infty$$

einer endlichen Familie von Stoppzeiten und $H_i \in \mathcal{F}_t$, $(H_i)_{i=0,\ldots,n}$ P-fast überall endlich.

Mit $\mathbb{S}$ bezeichnen wir die Menge der einfach vorhersagbaren Prozesse und mit $\mathbb{S}_u$ die Menge $\mathbb{S}$, versehen mit der Topologie der gleichmässigen Konvergenz in (t, ω) auf $\mathbb{R} \times L^\infty(\Omega, \mathcal{A}, P)$.

2. *Mit $\mathbb{L}^0$ bezeichnen wir den Vektorraum der endlichen, reellwertigen Zufallsvariablen, versehen mit der Konvergenz in Wahrscheinlichkeit.*

Als Nächstes wollen wir versuchen, für bestimmte stochastische Prozesse $(X_t)_{t \in \mathbb{R}}$ und $(H_t)_{t \in \mathbb{R}}$ dem Ausdruck $\int H \, dX$ einen Sinn zu geben. Damit ein solcher Operator I_X den Namen Integral verdient, sollte er einerseits linear sein und eine Art Lebesguekonvergenzsatz erfüllen.

Wir verlangen für das Konvergenztheorem die folgende Stetigkeit: Falls H^n gleichmässig gegen H konvergiert, so soll $I_X(H^n)$ in Wahrscheinlichkeit gegen $I_X(H)$ konvergieren.

Für einen Prozess X definieren wir $I_X : \mathbb{S} \to \mathbb{L}^0$ wie folgt:

$$I_X(H) = H_0 \, X_0 + \sum_{i=1}^{n} H_i \left(X^{T_i} - X^{T_{i+1}} \right),$$

wobei

$$H_t = H_0 \cdot \chi_{\{0\}}(t) + \sum_{i=1}^{n} H_i \cdot \chi_{]T_i, T_{i+1}]}(t).$$

Die obige Definition von $I_X(H)$ ist unabhängig von der Darstellung von H.

Definition A.2.2 (Totales Semimartingal). *Einen stochastischen Prozess $(X_t)_{t \geq 0}$ nennt man totales Semimartingal, falls*

1. *X càdlàg und*

2. *I_X eine stetige Abbildung von $\mathbb{S}^u$ nach $\mathbb{L}^0$.*

Definition A.2.3 (Semimartingal). *Einen stochastischen Prozess $(X_t)_{t \geq 0}$ nennt man Semimartingal, falls X^t (vgl. Definition A.1.12) für alle $t \in [0, \infty[$ ein totales Semimartingal ist.*

Bemerkung A.2.4. Semimartingale sind also als gute Integratoren definiert.

Der folgende Satz fasst die wichtigsten Eigenschaften des Operators I_X zusammen:

Satz A.2.5. *1. Die Menge aller Semimartingale ist ein Vektorraum.*

2. *Sei Q ein zu P absolutstetiges Mass. Dann ist jedes P-Semimartingal ein Q-Semimartingal.*

3. *Für eine Folge $(P_n)_{n\in\mathbb{N}}$ von Wahrscheinlichkeiten, für welche $(X_t)_{t\geq 0}$ ein P_n-Semimartingal ist, definieren wir $R = \sum_{n\in\mathbb{N}}\lambda_n P_n$, mit $\sum_{n\in\mathbb{N}}\lambda_n = 1$. Dann ist $(X_t)_{t\geq 0}$ ein R-Semimartingal.*

4. *(Stricker's Theorem) Sei X ein Semimartingal bezüglich der Filtration $(\mathcal{F}_t)_{t\geq 0}$ und sei $(\mathcal{G}_t)_{t\geq 0}$ eine Teilfiltration von $(\mathcal{F}_t)_{t\geq 0}$ so, dass X bezüglich $(\mathcal{G}_t)_{t\geq 0}$ adaptiert ist. Dann ist X ein $\mathcal{G}$-Semimartingal.*

Beweis. Die obigen Aussagen folgen aus der Definition eines Semimartingals. Die Beweise, welche wir dem Leser als Übung überlassen, finden sich in [Pro90] Kapitel II.2.

Als Nächstes soll die Klasse der Semimartingale charakterisiert werden.

Theorem A.2.6. *Jeder adaptierte Prozess mit càdlàg-Pfaden und endlicher Variation auf kompakten Mengen ist ein Semimartingal.*

Beweis. Dieser Satz folgt aus der Tatsache, dass

$$|I_X(H)| \leq ||H||_u \int_0^\infty |dX_s|,$$

wobei $\int_0^\infty |dX_s|$ die totale Variation bezeichnet.

Theorem A.2.7. *Jedes quadratisch integrierbare Martingal mit càdlàg-Pfaden ist ein Semimartingal.*

Beweis. Sei X ein quadratisch integrierbares Martingal mit $X_0 = 0$, $H \in \mathbb{S}$. Um die Stetigkeit des Operators I_X zu zeigen, genügt es, die folgende Ungleichung zu beweisen:

$$
\begin{aligned}
E\left[(I_X(H))^2\right] &= E\left[\left(\sum_{i=0}^n H_i\left(X^{T_i} - X^{T_{i+1}}\right)\right)^2\right] \\
&= E\left[\sum_{i=0}^n H_i^2\left(X^{T_i} - X^{T_{i+1}}\right)^2\right] \\
&\leq ||H||_u^2\, E\left[\sum_{i=0}^n \left(X^{T_i} - X^{T_{i+1}}\right)^2\right] \\
&= ||H||_u^2\, E\left[\sum_{i=0}^n \left(X^{T_i\,2} - X^{T_{i+1}\,2}\right)\right] \\
&= ||H||_u^2\, E\left[X_{T^{n+1}}{}^2\right] \\
&\leq ||H||_u^2\, E\left[X_{T^\infty}{}^2\right].
\end{aligned}
$$

Beispiel A.2.8. Die Brownsche Bewegung ist ein Semimartingal.

Nachdem wir die Semimartingale definiert haben, wollen wir nun die Klasse der Integranden erweitern. Eine Klasse, welche sich hierfür besonders gut eignet, sind die càglàd-Prozesse. Wir wählen diese, weil so die Beweise vergleichsweise einfach bleiben.

Definition A.2.9. *Mit $\mathbb{D}$ (respektive $\mathbb{L}$) bezeichnen wir die Menge der adaptierten càdlàg (respektive càglàd)-Prozesse. Mit $b\mathbb{L}$ bezeichnen wir diejenigen $X \in \mathbb{L}$, welche beschränkte Pfade besitzen.*

Bisher haben wir die Topologie der gleichmässigen Konvergenz (auf $\mathbb{S}_u$) und die Topologie der Konvergenz in Wahrscheinlichkeit auf $\mathbb{L}^0$ kennengelernt. Wir führen einen weiteren Konvergenzbegriff ein:

Definition A.2.10. *Für $t \geq 0$ und einen stochastischen Prozess H definieren wir*

$$H_t^* = \sup_{0 \leq s \leq t} |H_s|.$$

Eine Folge $(H^n)_{n \in \mathbb{N}}$ konvergiert gleichmässig auf kompakten Mengen in Wahrscheinlichkeit (im Folgenden ucp-Topologie genannt) gegen H, falls

$$(H^n - H)_t^* \to 0$$

in Wahrscheinlichkeit für $n \to \infty$ und alle $t \geq 0$.

Mit $\mathbb{D}_{ucp}$, $\mathbb{L}_{ucp}$ und $\mathbb{S}_{ucp}$ bezeichnen wir die entsprechenden Mengen, versehen mit der oben definierten Topologie.

Bemerkung A.2.11.   1. Die ucp-Topologie ist metrisierbar. Eine äquivalente Metrik ist z.B.:

$$d(X, Y) = \sum_{i=1}^{\infty} \frac{1}{2^n} E\left[\min(1, (X - Y)_n^*\right].$$

2. $\mathbb{D}_{ucp}$ ist ein vollständiger metrischer Raum.

Um das Integral I_X fortzusetzen, ist das folgende Theorem wesentlich:

Theorem A.2.12. *Der Vektorraum $\mathbb{S}$ ist bezüglich der ucp-Topologie dicht in $\mathbb{L}$.*

Beweis. [Pro90] Thm. 2.4.10.

Wenn wir nun zeigen können, dass I_X stetig ist, kann I_X fortgesetzt werden. Hierzu definieren wir:

Definition A.2.13. *Für $H \in \mathbb{S}$ und X ein Semimartingal definieren wir $J_X : \mathbb{S} \to \mathbb{D}$ durch*

$$J_X(H) = H_0\, X_0 + \sum_{i=0}^{n} H_i \left(X^{T_i} - X^{T_{i+1}} \right),$$

wobei

$$H_t = H_0 \cdot \chi_{\{0\}}(t) + \sum_{i=1}^{n} H_i \cdot \chi_{]T_i, T_{i+1}]}(t).$$

Mit $H_i \in \mathcal{F}_{T_i}$, $0 = T_1 \leq \ldots \leq T_{n+1} < \infty$ Stoppzeiten.

Definition A.2.14 (Stochastisches Integral). *Für $H \in \mathbb{S}$ und X ein càdlàg-Prozess nennen wir $J_X(H)$ das stochastische Integral von H bezüglich X und bezeichnen*

$$H \cdot X := \int H_s\, dX_s := J_X(H).$$

Nachdem wir das stochastische Integral auf $\mathbb{S}$ definiert haben, wollen wir es nun auf $\mathbb{L}$ fortsetzen. Hierzu benötigen wir folgendes Theorem:

Theorem A.2.15. *Für ein Semimartingal X ist die Abbildung $J_X : \mathbb{S}_{ucp} \to \mathbb{D}_{ucp}$ stetig. Die Fortsetzung von J_X auf $\mathbb{S}_{ucp}$ bezeichnen wir ebenfalls als stochastisches Integral und verwenden die Bezeichnungen von Definition A.2.14.*

Beweis. [Pro90] Thm. 2.4.11.

Bemerkung A.2.16. Um J_X auf $\mathbb{D}$ fortzusetzen, verwenden wir, dass $\mathbb{D}_{ucp}$ ein *vollständiger* metrischer Raum ist.

Mit

$$H \cdot X_{\,t} := \int_0^t H_s\, dX_s := \int_{[0,t]} H_s\, dX_s$$

bezeichnen wir den Prozess $J_X(H) = \int H_s\, dX_s$, ausgewertet an der Stelle $t \geq 0$.

A.3 Eigenschaften des stochastischen Integrals

Nachdem wir das stochastische Integral definiert haben, wollen wir dessen Eigenschaften beschreiben. Wir verzichten hierbei auf Beweise.

Satz A.3.1. *1. Sei T eine Stoppzeit. Dann gilt $(H \cdot X)^T = H \cdot \chi_{[0,T]} \cdot X = H \cdot X^T$.*

2. Seien $G, H \in \mathbb{L}$ und X ein Semimartingal. Dann ist auch $Y := H \cdot X$ ein Semimartingal. Weiterhin gilt:

$$G \cdot Y = G \cdot (H \cdot X) = (G \cdot H) \cdot X.$$

Beweis. [Pro90] Thm.2.5.12 und 2.5.19.

Definition A.3.2. *Für einen càdlàg-Prozess X bezeichnen wir mit*

$$\begin{aligned} X_-(t) &= \lim_{s \uparrow t} X(s), \\ \Delta X(t) &= X(t) - X_-(t). \end{aligned}$$

Definition A.3.3. *Eine zufällige Partition σ von $\mathbb{R}$ ist eine endliche Folge von Stoppzeiten mit*

$$0 = T_0 \le T_1 \le \ldots \le T_n < \infty.$$

Eine Folge $(\sigma_n)_{n \in \mathbb{N}}$ von zufälligen Partitionen von $\mathbb{R}$ strebt gegen die Identität, falls die folgenden Bedingungen erfüllt sind:

1. $\lim\limits_{n \to \infty} \left(\sup_k T_k^n \right) = \infty$ *P-fast-sicher,*

2. $\|\sigma_n\| := \sup_k |T_{k+1}^n - T_k^n|$ *konvergiert P-fast-sicher gegen 0.*

Für einen Prozess Y und eine zufällige Partition σ definieren wir

$$Y^\sigma := Y_0 \cdot \chi_{\{0\}} + \sum_k Y_{T_k} \cdot \chi_{]T_k, T_{k+1}]}.$$

Bemerkung A.3.4. Es ist einfach zu zeigen, dass

$$\int Y_s^\sigma \, dX_s = Y_0 X_0 + \sum_k Y_{T_k} \left(X^{T_{k+1}} - X^{T_k} \right)$$

für alle Semimartingale X und alle Y in $\mathbb{S}$, $\mathbb{D}$ und $\mathbb{L}$.

Mit Hilfe der zufälligen Partitionen können wir das stochastische Integral wie folgt berechnen:

Theorem A.3.5. *Sei X ein Semimartingal, $Y \in \mathbb{D}$ und $(\sigma_n)_{n \in \mathbb{N}}$ eine Folge zufälliger Partitionen, welche gegen die Identität strebt. Dann konvergiert*

$$\int_{0+} Y_s^{\sigma_n} \, dX_s = \sum_k Y_{T_k^n} \left(X^{T_{k+1}^n} - X^{T_k^n} \right)$$

bezüglich der ucp-Topologie gegen das stochastische Integral $\int (Y_-) \, dX$.

Beweis. [Pro90] Thm. 2.5.21.

Definition A.3.6. *Seien X und Y zwei Semimartingale. Dann bezeichnen wir mit*

$$[X, X] \quad = \quad ([X, X]_t)_{t \geq 0} \ den \ \text{quadratischen Variationsprozess,}$$

$$[X, X] \quad := \quad X^2 - 2 \int X_- dX,$$

beziehungsweise

$$[X, Y] \quad := \quad XY - \int X_- \, dY - \int Y_- \, dX$$

den Kovarianzprozess.

Satz A.3.7. *Sei X ein Semimartingal. Dann gelten die folgenden Aussagen:*

1. $[X, X]$ ist càdlàg, monoton wachsend und adaptiert.

2. $[X, X]_0 = X_0^2$ und $\Delta[X, X] = (\Delta X)^2$.

3. Falls eine Folge $(\sigma_n)_{n \in \mathbb{N}}$ von zufälligen Partitionen gegen 1 konvergiert, gilt

$$X_0^2 + \sum_i (X^{T_{i+1}^n} - X^{T_i^n})^2 \longrightarrow [X, X] \ \text{bezüglich ucp für } n \to \infty.$$

4. Sei T eine Stoppzeit. Dann gilt $[X^T, X] = [X, X^T] = [X^T, X^T] = [X, X]^T$.

Beweis. [Pro90] Thm. 2.6.22.

Bemerkung A.3.8. – Die Abbildung $(X, Y) \mapsto [X, Y]$ ist bilinear und symmetrisch.

– Es gilt die Polarisationsidentität

$$[X, Y] = \frac{1}{2} \left([X + Y, X + Y] - [X, X] - [Y, Y] \right).$$

Satz A.3.9. *Der* Klammerprozess $[X, Y]$ *zweier Semimartingale X und Y hat Pfade beschränkter Variation auf kompakten Mengen und ist ein Semimartingal.*

Beweis. [Pro90] Cor. 2.6.1.

Satz A.3.10 (Partielle Integration).

$$d(XY) = X_- \, dY + Y_- \, dX + d[X, Y].$$

Beweis. [Pro90] Cor. 2.6.2.

Satz A.3.11. *Sei M ein lokales Martingal. Dann sind die Aussagen 1. und 2. äquivalent. Die dritte Aussage folgt aus den ersten beiden.*

1. *M ist ein Martingal mit $E[M_t^2] \leq \infty \; \forall t \geq 0$,*

2. *$E\left[[M, M]_t\right] < \infty \; \forall t \geq 0$,*

3. *$E[M_t^2] = E\left[[M, M]_t\right] \forall t \geq 0$.*

Beweis. [Pro90] Cor. 2.6.4.

Theorem A.3.12. *Seien X, Y zwei Semimartingale und $H, K \in \mathbb{L}$. Dann gelten die folgenden Aussagen:*

1. *$[H \cdot X, K \cdot Y]_t = \int_0^t H_s K_s d[X, Y]_s \forall t \geq 0$,*

2. *$[H \cdot X, H \cdot X]_t = \int_0^t H_s^2 d[X, X]_s \forall t \geq 0$.*

Beweis. [Pro90] Thm. 2.6.29.

Theorem A.3.13 (Itô-Formel). *Sei X ein Semimartingal, $f \in C^2(\mathbb{R})$. Dann gilt die folgende Formel:*

$$
\begin{aligned}
f(X_t) - f(X_0) &= \int_{0+}^t f'(X_s^-) dX_s + \frac{1}{2} \int_{0+}^t f''(X_s^-) d[X, X]_s^{cont} \\
&\quad + \sum_{0 < s \leq t} \left\{ f(X_s) - f(X_s^-) - f'(X_s^-) \Delta X_s \right\}.
\end{aligned}
$$

Beweis. [Pro90] Thm. 2.7.32.

Bemerkung A.3.14. Betrachtet man eine Funktion $f \in C^2(\mathbb{R})$, ist

$$f(t) - f(0) = \int_0^t f'(s) ds.$$

Bei stochastischen Integralen kommen noch zwei Terme hinzu: Der Term

$$\frac{1}{2} \int_{0+}^t f''(X_s^-) d[X, X]_s^{cont}$$

ist bedingt durch die quadratische Variation des Prozesses und der Term

$$\sum_{0 < s \leq t} \left\{ f(X_s) - f(X_s^-) - f'(X_s^-) \Delta X_s \right\}$$

durch die Sprünge.

Satz A.3.15 (Variablentransformation). *Sei V ein stochastischer Prozess mit beschränkter Variation und rechtsstetigen Pfaden. Für $f \in C^1(\mathbb{R})$ ist auch $(f(V_t))_{t \geq 0}$ ein Prozess mit beschränkter Variation, und es gilt:*

$$f(V_t) - f(V_0) = \int_{0+}^{t} f'(V_{s_-})\, dV_s + \sum_{0 < s \leq t} \left(f(V_s) - f(V_{s_-}) - f'(V_{s_-}) \Delta V_s \right).$$

Satz A.3.16 (Itô-Formel). *Sei X ein stetiges Semimartingal und $f \in C^2(\mathbb{R})$. Dann ist auch $f(X)$ ein Semimartingal und es gilt:*

$$f(X_t) - f(X_0) = \int_{0+}^{t} f'(X_s)dX_s + \frac{1}{2} \int_{0+}^{t} f''(X_s)d[X, X]_s.$$

B. Beispiele

Das vorliegende Buch ist mit Beispielen versehen, welche von der Internetseite **http://extras.springer.com** heruntergeladen werden können. In diesem Anhang wird beschrieben, wie die Dateien zum Buch installiert werden können.

B.1 Inhalt

1. Excel-Dateien mit zugehöriger DLL zur Berechnung des diskreten Markovmodells. Diese Dateien benötigen Excel 97 und höher.

2. Standalone-Lösung zur Berechnung von diskreten Modellen. Voraussetzung Windows 95 bzw. Windows NT 3.5 und höher.

B.1.1 Verzeichnis von C:/markov

File	Grösse in Byte	Inhalt
invalev2.xls	852'480	Invaliditätsversicherung
kt1995.xls	141'312	Beispiel einer Sterbetafel
markov.xls	175'616	Allgemeines Markovmodell
mathserv.dll	150'016	Markovrechner für Excel-Files
regsvr32.exe	27'648	Programm zu Registrieren
rmark.exe	350'208	Markovmodell via Files
tdf2bsp.xls	359'424	Allgemeine Todesfallversicherung

B.1.2 Verzeichnis von C:/markov/alters

Beispiel-Files für rmark.exe: Altersrente.

File	Grösse in Byte	Inhalt
d40.txt	1'611	Diskontierungsfunktion (4 %)
evk90f.txt	16'096	$p_{ij}(x)$ für Frauen
evk90m.txt	16'128	$p_{ij}(x)$ für Männer
ln_null.txt	10	Nachschüssige Leistung
lvarevk1.txt	2'222	Vorschüssige Leistung

B.1.3 Verzeichnis von C:/markov/gemischt

Beispiel-Files für rmark.exe: Gemischte Versicherung.

File	Grösse in Byte	Inhalt
d35.txt	1'637	Diskontierungsfunktion (3.5 %)
gkm95.txt	3'864	$p_{ij}(x)$ für Männer
ln_G.txt	839	Nachschüssige Leistung
lv_null.txt	41	Vorschüssige Leistung

B.1.4 Verzeichnis von C:/markov/inval

Beispiel-Files für rmark.exe: Invaliditätsversicherung.

File	Grösse in Byte	Inhalt
d35.txt	1'637	Diskontierungsfunktion (3.5 %)
iunda95.txt	86'506	$p_{ij}(x)$ für Männer
ln_ia4.txt	839	Nachschüssige Leistung
lv_ia4.txt	41	Vorschüssige Leistung

B.2 Installation

In einem ersten Schritt wird das selbstextrahierende Archiv entpackt, indem man das Programm *markov.exe* herunterlädt und ausführt.

Excel-Dateien: Damit die DLL, welche Excel benutzt, aufgerufen werden kann, muss sie registriert werden. Hierzu muss man eine DOS-Box ("cmd.exe") öffnen, dann in das Verzeichnis `c:\markov` gehen mit

```
c:
cd c:\markov
```

und die DLL registrieren mit

```
regsvr32 mathserv.dll
```

Nun sollte ein Fenster erscheinen mit der Mitteilung, dass die Registrierung erfolgt ist. Anschliessend können die folgenden drei Excel-Files verwendet werden. Hierbei ist zu beachten, dass die Markosicherheit für Excel so eingestellt ist, dass die Makros auch ausgeführt werden können.

markov.xls	Für beliebige Problemstellungen. Selber programmierbar. (Max. 15 Zustände)
tod2bsp.xls	Für Kapitalversicherungen auf 1 Leben mit stochastischem Zins. (Abschn. 6.5)
inval.xls	Für ein Invaliditätsmodell. (Abschn. 6.6 und Bsp. 10.3.2)

rmark.exe: Das Programm *rmark* kann direkt verwendet werden. Es verlangt als Input vier Files, welche das Modell beschreiben, und schreibt die Resultate auf ein Outputfile, dessen Name eingegeben werden muss.

Bei den benötigten Files handelt es sich um die Folgenden:

pre.dat	Vorschüssige Leistungen a_i^{Pre}
post.dat	Nachschüssige Leistungen a_{ij}^{Post}
pij.dat	Übergangswahrscheinlichkeiten p_{ij}
diskont.dat	Diskontierungsfaktor v_t

Das File pre.dat ist wie folgt aufgebaut:

```
% Alter Ausgangszustand Folgezustand Betrag
   15   1   3   700
```

Dies bedeutet, dass im Alter 15 im Zustand 1 vorschüssig 700 Fr. fällig werden. Der Folgezustand (hier 3) wird nicht verwendet. Triviale Leistungen müssen nicht vorgegeben werden.

Um dem Programm das Pre-File mitzuteilen, drückt man die Taste *Neues Pre File* und wählt unter Dateitypen: "alle Dateien *.*" das File.

Das Post-File und das pij-File (Wahrscheinlichkeiten) haben denselben Aufbau. Der obige Record würde bedeuten, dass im Alter 15 für den Zustandsübergang 1 nach 3 700 Fr. fällig werden.

In dem Diskont-File müssen die einjährigen Diskontierungsfaktoren angegeben werden. Die Syntax dieses Files ist anders als die der obigen Files.

```
% Alter Diskontierungsfaktor
   15   0.96
```

Dies bedeutet, dass im Alter 15 ein Diskontierungsfaktor von 0.96 angewendet wird.

Nachdem die Files definiert sind, können sie mit der Edit-Taste betrachtet und editiert werden.

Um die Berechnung durchzuführen, müssen folgende zusätzliche Angaben in die entsprechenden Felder eingefügt werden:

```
Startzeit:            z.B. 120
Stoppzeit:            z.B. 65
Anzahl Zustände:      z.B. 3 (Bem.: das Programm ist auf
                               15 Zustände begrenzt)
Neues Output File:    z.B. durch Taste neues Output File
```

Beispiele von Inputfiles finden sich in den Unterverzeichnissen.

C. Sterbewahrscheinlichkeiten Deutschland

Die folgenden Sterbetafeln basieren auf [DAV09] und unterscheiden zwischen
der Sterblichkeit von Rauchern ("R") und von Nichtrauchern ("NR"). Damit
die entsprechenden Anhänge nicht zu lange werden, sind hier nur Grundlagen
2. Ordung abgebildet.

	DAV2008T q_x^{NR}	DAV2008T q_x^{R}	DAV2008T q_y^{NR}	DAV2008T q_y^{R}	DAV2008P i_x	DAV2008P i_y
0	0.003797	0.004562	0.004562	0.003797	–	–
1	0.000289	0.000316	0.000316	0.000289	–	–
2	0.000237	0.000256	0.000256	0.000237	–	–
3	0.000190	0.000205	0.000205	0.000190	–	–
4	0.000151	0.000164	0.000164	0.000151	–	–
5	0.000122	0.000136	0.000136	0.000122	–	–
6	0.000100	0.000116	0.000116	0.000100	–	–
7	0.000086	0.000104	0.000104	0.000086	–	–
8	0.000078	0.000096	0.000098	0.000078	–	–
9	0.000074	0.000093	0.000096	0.000075	–	–
10	0.000076	0.000096	0.000101	0.000079	–	–
11	0.000083	0.000107	0.000114	0.000088	–	–
12	0.000095	0.000129	0.000139	0.000103	–	–
13	0.000114	0.000166	0.000182	0.000128	–	–
14	0.000140	0.000226	0.000250	0.000163	–	–
15	0.000168	0.000309	0.000346	0.000203	–	–
16	0.000197	0.000410	0.000461	0.000245	–	–
17	0.000222	0.000518	0.000585	0.000284	–	–
18	0.000229	0.000617	0.000696	0.000300	–	–
19	0.000229	0.000689	0.000776	0.000306	–	–

	DAV2008T q_x^{NR}	DAV2008T q_x^{R}	DAV2008T q_y^{NR}	DAV2008T q_y^{R}	DAV2008P i_x	DAV2008P i_y
20	0.000226	0.000730	0.000818	0.000305	–	–
21	0.000220	0.000737	0.000821	0.000299	–	–
22	0.000213	0.000724	0.000802	0.000291	–	–
23	0.000207	0.000694	0.000770	0.000283	–	–
24	0.000202	0.000654	0.000732	0.000280	–	–
25	0.000198	0.000610	0.000698	0.000281	–	–
26	0.000195	0.000568	0.000675	0.000287	–	–
27	0.000193	0.000533	0.000666	0.000298	–	–
28	0.000193	0.000508	0.000675	0.000316	–	–
29	0.000193	0.000491	0.000699	0.000338	–	–
30	0.000195	0.000482	0.000737	0.000366	–	–
31	0.000200	0.000479	0.000783	0.000401	–	–
32	0.000211	0.000481	0.000835	0.000446	–	–
33	0.000228	0.000487	0.000892	0.000503	–	–
34	0.000251	0.000498	0.000953	0.000574	–	–
35	0.000281	0.000512	0.001019	0.000657	–	–
36	0.000314	0.000531	0.001095	0.000747	–	–
37	0.000350	0.000557	0.001183	0.000840	–	–
38	0.000390	0.000592	0.001292	0.000940	–	–
39	0.000432	0.000636	0.001426	0.001044	–	–
40	0.000479	0.000691	0.001590	0.001158	0.000085	0.000110
41	0.000532	0.000758	0.001786	0.001284	0.000091	0.000130
42	0.000592	0.000839	0.002021	0.001427	0.000103	0.000154
43	0.000661	0.000935	0.002300	0.001592	0.000120	0.000183
44	0.000740	0.001052	0.002635	0.001781	0.000142	0.000217
45	0.000831	0.001184	0.003013	0.001999	0.000171	0.000255
46	0.000933	0.001332	0.003434	0.002246	0.000205	0.000298
47	0.001045	0.001488	0.003877	0.002521	0.000247	0.000346
48	0.001165	0.001654	0.004345	0.002820	0.000206	0.000400
49	0.001293	0.001831	0.004839	0.003145	0.000353	0.000461
50	0.001427	0.002024	0.005371	0.003493	0.000417	0.000531
51	0.001571	0.002244	0.005973	0.003877	0.000489	0.000610
52	0.001727	0.002491	0.006643	0.004302	0.000571	0.000701
53	0.001892	0.002771	0.007400	0.004765	0.000663	0.000803
54	0.002069	0.003078	0.008228	0.005272	0.000768	0.000918
55	0.002259	0.003418	0.009146	0.005830	0.000889	0.001046
56	0.002469	0.003795	0.010166	0.006458	0.001031	0.001187
57	0.002696	0.004219	0.011315	0.007150	0.001198	0.001342
58	0.002950	0.004689	0.012596	0.007930	0.001394	0.001513
59	0.003238	0.005227	0.014060	0.008821	0.001628	0.001704

	DAV2008T q_x^{NR}	DAV2008T q_x^{R}	DAV2008T q_y^{NR}	DAV2008T q_y^{R}	DAV2008P i_x	DAV2008P i_y
60	0.003569	0.005845	0.015736	0.009841	0.001907	0.001919
61	0.003957	0.006571	0.017697	0.011032	0.002240	0.0021640
62	0.004426	0.007440	0.020021	0.012460	0.002637	0.002446
63	0.004988	0.008492	0.022809	0.014146	0.003106	0.002775
64	0.005647	0.009777	0.026154	0.016104	0.003657	0.003159
65	0.006429	0.011358	0.030212	0.018386	0.004295	0.003611
66	0.007331	0.013227	0.034906	0.020975	0.005029	0.004150
67	0.008371	0.015395	0.040197	0.023890	0.005866	0.004802
68	0.009545	0.017891	0.046105	0.027090	0.006822	0.005602
69	0.010885	0.020653	0.052397	0.030621	0.007920	0.006601
70	0.012413	0.023679	0.058986	0.034509	0.009195	0.007862
71	0.014154	0.026983	0.065811	0.038755	0.010699	0.009463
72	0.016105	0.030367	0.072335	0.043291	0.012501	0.011492
73	0.018711	0.033738	0.078306	0.049210	0.014687	0.014045
74	0.021204	0.037409	0.084395	0.054366	0.017359	0.017221
75	0.024078	0.041402	0.090588	0.060003	0.020622	0.021121
76	0.027406	0.045866	0.097098	0.066157	0.024580	0.025844
77	0.031289	0.050877	0.104044	0.072965	0.029323	0.031495
78	0.035750	0.056589	0.111650	0.080259	0.034926	0.038187
79	0.040993	0.063039	0.119774	0.088339	0.041448	0.046053
80	0.046993	0.070338	0.128577	0.096948	0.048942	0.055252
81	0.053819	0.078516	0.138032	0.106077	0.057478	0.065971
82	0.061505	0.087533	0.147930	0.115568	0.067174	0.078420
83	0.070057	0.097419	0.158306	0.125262	0.078230	0.092822
84	0.079747	0.108215	0.169141	0.135491	0.090946	0.109382
85	0.090633	0.119895	0.180441	0.146282	0.105705	0.128263
86	0.102906	0.132530	0.192169	0.157652	0.122883	0.149552
87	0.116564	0.146092	0.204529	0.169601	0.142677	0.173229
88	0.131464	0.160372	0.216983	0.181814	0.164845	0.199182
89	0.147608	0.175288	0.229803	0.194252	0.188452	0.227241
90	0.164792	0.190761	0.242648	0.206650	0.211715	0.257305
91	0.182792	0.206673	0.255655	0.219168	0.235254	0.287368
92	0.201453	0.222933	0.268635	0.231470	0.259344	0.317428
93	0.219863	0.239433	0.281813	0.243168	0.283987	0.347485
94	0.237813	0.256125	0.294800	0.253984	0.309182	0.377540

	DAV2008T q_x^{NR}	DAV2008T q_x^{R}	DAV2008T q_y^{NR}	DAV2008T q_y^{R}	DAV2008P i_x	DAV2008P i_y
95	0.255996	0.272931	0.307866	0.265468	0.334929	0.407592
96	0.274491	0.289797	0.321095	0.274491	0.361228	0.437641
97	0.292905	0.306997	0.334319	0.292905	0.388078	0.467687
98	0.311537	0.324694	0.348396	0.311537	0.415481	0.497731
99	0.330385	0.342733	0.362612	0.330385	0.443436	0.527772
100	0.349446	0.361062	0.377310	0.349446	0.471943	0.557810
101	0.368713	0.379675	0.392584	0.368713	0.501002	0.587845
102	0.388182	0.398564	0.408529	0.388182	0.530612	0.617878
103	0.407846	0.417759	0.424861	0.407846	0.560775	0.647908
104	0.427697	0.437213	0.442022	0.427697	0.591490	0.677935
105	0.447726	0.456916	0.460114	0.447726	0.622757	0.70796
106	0.467921	0.477006	0.477006	0.467921	0.654576	0.737981
107	0.488271	0.497189	0.497189	0.488271	0.686947	0.768001
108	0.508762	0.517650	0.517650	0.508762	0.719869	0.798017
109	0.529376	0.538377	0.538377	0.529376	0.753344	0.828030
110	0.550097	0.559353	0.559353	0.550097	0.787371	0.858041
111	0.570904	0.580560	0.580560	0.570904	0.821950	0.888050
112	0.591772	0.601975	0.601975	0.591772	0.857081	0.918055
113	0.612677	0.623571	0.623571	0.612677	0.892764	0.948058
114	0.633589	0.645315	0.645315	0.633589	0.928999	0.978058
115	0.654476	0.667170	0.667170	0.654476	0.965786	1.000000
116	0.675302	0.689091	0.689091	0.675302	1.000000	1.000000
117	0.696026	0.711028	0.711028	0.696026	1.000000	1.000000
118	0.716604	0.732920	0.732920	0.716604	1.000000	1.000000
119	0.736988	0.754701	0.754701	0.736988	1.000000	1.000000
120	0.757123	0.776292	0.776292	0.757123	1.000000	1.000000
121	1.000000	1.000000	1.000000	1.000000	1.000000	1.000000

D. Sterbewahrscheinlichkeiten Schweiz

Die folgenden Sterbewahrscheinlichkeiten stammen aus dem Schweizer Kollektivtarif 1995 und dienen dazu, konkrete Beispiele rechnen zu können. Der Kollektivtarif 1995 unterscheidet zwischen Grundlagen, welche für Kapitalversicherungen (GKM/F) angewendet werden und solchen, welche für Rentenversicherungen (GRM/F) Anwendung finden. Die Bezeichnung GKM weist somit auf die Kapitaltafel für Männer hin. Die Tafel GRF ist die Rentnertafel für Frauen.

	GKM95	GRM95	GKF95	GRF95	GKM95	GKF95
	q_x	q_x	q_y	q_y	i_x	i_y
15	0.00158	0.00129	0.00030	0.00032	0.00307	0.00136
16	0.00160	0.00129	0.00033	0.00032	0.00316	0.00145
17	0.00160	0.00129	0.00034	0.00032	0.00327	0.00159
18	0.00160	0.00129	0.00034	0.00032	0.00340	0.00179
19	0.00158	0.00129	0.00033	0.00033	0.00354	0.00202
20	0.00155	0.00129	0.00033	0.00033	0.00368	0.00228
21	0.00151	0.00129	0.00034	0.00034	0.00383	0.00254
22	0.00146	0.00130	0.00036	0.00037	0.00398	0.00282
23	0.00142	0.00130	0.00039	0.00040	0.00413	0.00309
24	0.00139	0.00130	0.00042	0.00042	0.00428	0.00335
25	0.00136	0.00130	0.00045	0.00045	0.00442	0.00360
26	0.00133	0.00130	0.00048	0.00048	0.00456	0.00383
27	0.00131	0.00130	0.00051	0.00051	0.00470	0.00405
28	0.00130	0.00130	0.00054	0.00055	0.00483	0.00425
29	0.00130	0.00130	0.00058	0.00058	0.00496	0.00443
30	0.00130	0.00131	0.00061	0.00061	0.00509	0.00459
31	0.00131	0.00131	0.00065	0.00065	0.00521	0.00473
32	0.00133	0.00133	0.00069	0.00069	0.00533	0.00486
33	0.00136	0.00136	0.00073	0.00073	0.00545	0.00497
34	0.00140	0.00140	0.00077	0.00077	0.00558	0.00507

	GKM95 q_x	GRM95 q_x	GKF95 q_y	GRF95 q_y	GKM95 i_x	GKF95 i_y
35	0.00145	0.00144	0.00082	0.00082	0.00571	0.00516
36	0.00150	0.00150	0.00087	0.00087	0.00586	0.00525
37	0.00158	0.00157	0.00092	0.00092	0.00602	0.00534
38	0.00166	0.00165	0.00098	0.00097	0.00620	0.00543
39	0.00176	0.00175	0.00103	0.00103	0.00640	0.00553
40	0.00187	0.00186	0.00109	0.00108	0.00662	0.00565
41	0.00200	0.00199	0.00114	0.00114	0.00689	0.00577
42	0.00214	0.00213	0.00119	0.00119	0.00719	0.00592
43	0.00231	0.00230	0.00124	0.00124	0.00753	0.00610
44	0.00250	0.00249	0.00129	0.00129	0.00793	0.00630
45	0.00271	0.00270	0.00135	0.00135	0.00839	0.00653
46	0.00295	0.00294	0.00142	0.00142	0.00891	0.00680
47	0.00323	0.00322	0.00150	0.00149	0.00951	0.00710
48	0.00355	0.00353	0.00160	0.00157	0.01020	0.00744
49	0.00391	0.00387	0.00172	0.00165	0.01097	0.00782
50	0.00431	0.00422	0.00187	0.00174	0.01185	0.00823
51	0.00476	0.00458	0.00205	0.00184	0.01284	0.00869
52	0.00527	0.00496	0.00226	0.00195	0.01395	0.00918
53	0.00583	0.00536	0.00251	0.00206	0.01519	0.00970
54	0.00645	0.00580	0.00277	0.00219	0.01658	0.01026
55	0.00713	0.00627	0.00305	0.00234	0.01812	0.01083
56	0.00788	0.00679	0.00335	0.00250	0.01983	0.01143
57	0.00869	0.00735	0.00366	0.00268	0.02171	0.01204
58	0.00957	0.00796	0.00397	0.00288	0.02379	0.01265
59	0.01052	0.00864	0.00427	0.00310	0.02607	0.01326
60	0.01155	0.00937	0.00458	0.00334	0.02856	0.01384
61	0.01266	0.01018	0.00487	0.00359	0.03129	0.01440
62	0.01384	0.01107	0.00514	0.00384	0.03427	0.01490
63	0.01511	0.01106	0.00551	0.00413	0.03750	0.00000
64	0.01646	0.01282	0.00609	0.00447	0.04102	0.00000
65	0.01807	0.01370	0.00689	0.00491	0.04482	0.00000
66	0.02003	0.01464	0.00791	0.00545	0.00000	0.00000
67	0.02234	0.01569	0.00915	0.00608	0.00000	0.00000
68	0.02500	0.01689	0.01062	0.00680	0.00000	0.00000
69	0.02801	0.01828	0.01233	0.00757	0.00000	0.00000
70	0.03137	0.01989	0.01428	0.00840	0.00000	0.00000
71	0.03508	0.02175	0.01647	0.00926	0.00000	0.00000
72	0.03914	0.02389	0.01892	0.01015	0.00000	0.00000
73	0.04355	0.02629	0.02161	0.01105	0.00000	0.00000
74	0.04831	0.02891	0.02457	0.01196	0.00000	0.00000

	GKM95 q_x	GRM95 q_x	GKF95 q_y	GRF95 q_y	GKM95 i_x	GKF95 i_y
75	0.05342	0.03175	0.02779	0.01288	0.00000	0.00000
76	0.05887	0.03476	0.03127	0.01387	0.00000	0.00000
77	0.06468	0.03793	0.03503	0.01500	0.00000	0.00000
78	0.07084	0.04123	0.03907	0.01635	0.00000	0.00000
79	0.07735	0.04465	0.04339	0.01797	0.00000	0.00000
80	0.08421	0.04816	0.04800	0.01992	0.00000	0.00000
81	0.09141	0.05174	0.05290	0.02224	0.00000	0.00000
82	0.09897	0.05538	0.05810	0.02498	0.00000	0.00000
83	0.10688	0.05906	0.06360	0.02815	0.00000	0.00000
84	0.11513	0.06276	0.06940	0.03171	0.00000	0.00000
85	0.12374	0.06647	0.07552	0.03559	0.00000	0.00000
86	0.13269	0.07018	0.08195	0.03972	0.00000	0.00000
87	0.14200	0.07389	0.08870	0.04404	0.00000	0.00000
88	0.15166	0.07779	0.09578	0.04850	0.00000	0.00000
89	0.16166	0.08206	0.10319	0.05305	0.00000	0.00000
90	0.17202	0.08688	0.11093	0.05763	0.00000	0.00000
91	0.18272	0.09242	0.11902	0.06221	0.00000	0.00000
92	0.19378	0.09883	0.12745	0.06680	0.00000	0.00000
93	0.20518	0.10625	0.13622	0.07163	0.00000	0.00000
94	0.21693	0.11450	0.14535	0.07693	0.00000	0.00000
95	0.22904	0.12328	0.15484	0.08295	0.00000	0.00000
96	0.24149	0.13258	0.16470	0.08970	0.00000	0.00000
97	0.25429	0.14241	0.17492	0.09703	0.00000	0.00000
98	0.26745	0.15277	0.18552	0.10494	0.00000	0.00000
99	0.28095	0.16366	0.19649	0.11344	0.00000	0.00000
100	0.29480	0.17507	0.20785	0.12253	0.00000	0.00000

E. Programm-Code für Markov Berechnung in Java

Der folgende Code stellt eine (nicht optimierte) Beispielimplementation der
Markovrekursion in Java dar. Es ist an dieser Stelle wichtig zu Bemerken, dass
der Originalcode gekürzt wurde damit er besser lesbar ist. Auf der anderen
Seite fehlen nun die entsprechenden Konsistenzprüfungen.

```java
/*
 * MarkovClass.java
 */

public class MarkovClass {
    double  dPij[][];       /* [Alter][Index] */
    double  dPost[][];      /* [Alter][Index]  */
    double  dPre[][];       /* [Alter][State]  */
    double  dDisc[][];      /* [Alter][State]  */
    int     iVon[];         /* [Index]         */
    int     iNach[];        /* [Index]         */
    int     iMat2Idx[][];   /* [Von][Nach]     */
    double  dV[][];         /* [Alter][States] */
    double  dVTemp[];       /* [States]        */

    int     iMaxTimes;
    int     iMaxIndex;
    int     iMaxStates;
    int     iStates;
    int     iStart;
    int     iStop;
    int     iAdvancedDisc;
    int     iT;
    int     iNrIndex = 0;
    int     iC1, iC2;
    int     iErr;

    boolean bDKCalculated = false;
    boolean bGetData = false;

    /** Creates a new instance of MarkovClass */
    /*****************************************/

    public MarkovClass(int iMaxStateInput, int iMaxTime) {

        /* Define Max allocatable memory */

        iMaxTimes   = iMaxTime;
        iMaxStates  = iMaxStateInput;
        iMaxIndex   = iMaxStates * iMaxStates;
        dPij        = new double[iMaxTimes][iMaxIndex];      /* [Alter][Index] */
        dPost       = new double[iMaxTimes][iMaxIndex];      /* [Alter][Index] */
        dPre        = new double[iMaxTimes][iMaxStates];     /* [Alter][State] */
        dDisc       = new double[iMaxTimes][iMaxStates];     /* [Alter][State] */

        iVon        = new int[iMaxIndex];                    /* [Index] */
```

```java
iNach       = new int[iMaxIndex];                          /* [Index] */
iMat2Idx    = new int[iMaxStates][iMaxStates];;            /* [Von][Nach] */
dV          = new double[iMaxTimes][iMaxStates];           /* [State] */
dVTemp      = new double[iStates];                         /* [State] */

   for(iC1=0; iC1 < iMaxStates; ++ iC1)
    {
        for(iC2=0; iC2 < iMaxStates; ++ iC2)
        {
        iMat2Idx[iC1][iC2] = -1;
        }
    }

bDKCalculated = false;
bGetData = false;


}
/** Member functions  */
/** 1. vReset  */
public void  vReset(){
bDKCalculated = false;}


/** 2. vSetStartTime */
public void            vSetStartTime(int iTime){
iStart = iTime;
bDKCalculated = false;}


/** 3. vSetStopTime */
public void            vSetStopTime(int iTime){
iStop = iTime;
bDKCalculated = false;}


/** 4. vSetNrStates */
public void            vSetNrStates(int iNrStatesIpt){
iStates = iNrStatesIpt;
bDKCalculated = false;}


/** 5. vSetGetData */
public void            vSetGetData(boolean bStatus){
bGetData = bStatus;}


/** 6. vSetPre (Sets Prenumerando Cash Flows) */
public double          dSetPre(int iTimeInput, int iVonInput,
                                int iNachInput, double dValue){
  if (bGetData == true)
    {
      return(dPre[iTimeInput][iVonInput]);
    }
    bDKCalculated = false;
    dPre[iTimeInput][iVonInput] = dValue;
    return(dValue);}



/** 7. vSetPost (Sets Postnumerando Cash Flows) */
public double          dSetPost(int iTimeInput, int iVonInput,
                                int iNachInput, double dValue){
  if (bGetData == true)
    { if (iMat2Idx[iVonInput][iNachInput] == -1) return(0.);
       return(dPost[iTimeInput][iMat2Idx[iVonInput][iNachInput]]);
    }
    bDKCalculated = false;
    if (iMat2Idx[iVonInput][iNachInput] == -1)
        {
        iMat2Idx[iVonInput][iNachInput] = iNrIndex;
        iVon[iNrIndex] = iVonInput;
        iNach[iNrIndex] = iNachInput;
```

```java
            ++iNrIndex;
          }
        dPost[iTimeInput][iMat2Idx[iVonInput][iNachInput]] = dValue;
        return(dValue);}

  /** 8. vSetPij (Sets Probabilities ) */
public double        dSetPij(int iTimeInput, int iVonInput,
                                    int iNachInput, double dValue){
    if (bGetData == true)
      { if (iMat2Idx[iVonInput][iNachInput] == -1) return(0.);
          return(dPij[iTimeInput][iMat2Idx[iVonInput][iNachInput]]);
      }
      bDKCalculated = false;
      if (iMat2Idx[iVonInput][iNachInput] == -1)
          {
          iMat2Idx[iVonInput][iNachInput] = iNrIndex;
          iVon[iNrIndex] = iVonInput;
          iNach[iNrIndex] = iNachInput;
          ++iNrIndex;
          }
      dPij[iTimeInput][iMat2Idx[iVonInput][iNachInput]] = dValue;
      return(dValue); }

  /** 9. vSetDisc (Sets Discounts) */
public double        dSetDisc(int iTimeInput, int iVonInput,
                                    int iNachInput, double dValue){
    if (bGetData == true)
      {
        return(dDisc[iTimeInput][iVonInput]);
      }
      bDKCalculated = false;
      dDisc[iTimeInput][iVonInput] = dValue;
      return(dValue);}


  /*  $$$$$$$$$$$$$$$$$$$$$$$$$$$$$$$ 10. MAIN MARKOV CALCULATOR $$$$$$$$$$$$$$$$$$$$$$*/

public double  dGetDK(int iTimeInput, int iStateInput){
/*==============================================================================*/
    if (bDKCalculated == true)
        return (dV[iTimeInput][iStateInput]);
    bDKCalculated = true;

/*===== 0. Zurücksetzen =========================================================*/
    for (iT = 0; iT < iMaxTimes; ++ iT)
    {
        for(iC1= 0; iC1 < iMaxStates; ++ iC1)
            dV[iT][iC1] = 0.;
    }
/*===== 1. Rekursion ============================================================*/
    for(iT = iStart -1; iT >= iStop; --iT)
    {
      /* 1. dVTemp mit Pre-Leistungen belegen */
      for(iC1= 0; iC1 < iStates; ++iC1){dVTemp[iC1]= 0.;}
      /* 2. Post-Leistungen  und DK          */
      for(iC1= 0; iC1 < iNrIndex; ++iC1)
        {dVTemp[iVon[iC1]] +=  dPij[iT][iC1] * (dPost[iT][iC1]
                                        + dV[iT+1][iNach[iC1]]);}
      /* 2a. PreLeistungen und Disont */
      for(iC1= 0; iC1 < iStates; ++iC1){dV[iT][iC1]= dVTemp[iC1]*dDisc[iT][iC1]
                                        + dPre[iT][iC1];}
        }
  return (dV[iTimeInput][iStateInput]);
}}
```

Literaturverzeichnis

[Bau91] H. Bauer. *Wahrscheinlichkeitstheorie*. De Gruyter, 1991.

[Bau92] H. Bauer. *Mass- und Integrationstheorie*. De Gruyter, 1992.

[BGH86] N. L. Bowers, H.U. Gerber, J.C. Hickman, D C Jones, and C. J. Nesbitt. *Actuarial Mathematics*. Society of Actuaries, 1986.

[BP80] Bellhouse and Panjer. Stochastic modelling of interest rates with applications to life contingencies. *Journal of Risk and Insurance*, 47:91–110, 1980.

[BS73] F. Black and M. Scholes. The pricing of options and corporate liabilities. *Journal of Political Economy*, 81:637–654, 1973.

[Büh92] H. Bühlmann. Stochastic discounting. *Insurance Mathematics and Economics*, 11/2:113–127, 1992.

[Büh95] H. Bühlmann. Life insurance with stochastic interest rates. In G. Ottaviani, editor, *Financial Risk in Insurance*, pages 1–24. Springer, 1995.

[CHB89] J. Cox, C. Huang, and Bhattachary. Option pricing theory and its applications. In Constantinides, editor, *Theory of Valuation*, pages 272–288. Rowman and Littlefield Publishers, 1989.

[CFO08] CFO Forum. *Market Consistent Embedded Value*. http://www.cfoforum.nl/embedded_value.html.

[CIR85] J. Cox, J. Ingersoll, and S. Ross. A theory of term structure of interest rates. *Econometrica*, 53:385–408, 1985.

[CW90] K. L. Chung and R. J. Williams. *Introduction to stochastic Integration*. Birkhäuser, 2 edition, 1990.

[DAV09] DAV Unterarbeitsgruppen "Rechnungsgrundlagen der Pflegeversicherung" und "Todesfallrisiko". *Herleitung der Rechnungsgrundlagen DAV 2008 P für die Pflegerenten(zusatz)versicherung, und Raucher- und Nichtrauchersterbetafeln für Lebensversicherungen mit Todesfallcharakter, und Herleitung der Sterbetafel DAV 2008 T für Lebensversicherungen mit Todesfallcharakter. Blätter der DGVFM*, 30/1:31-140, 141-187, 189-224, 2009.

[Doo53] J. L. Doob. *Stochastic Processes*. Wiley, 1953.

[Dot90] M. Dothan. *Prices in Financial Markets*. Oxford University Press, 1990.

[DS57] N. Dunford and J. T. Schwartz. *Linear Operators Part 1: General Theory.* Wiley - Interscience, 1957.

[Duf88] D. Duffie. *Security markets: Stochastic Models.* Academic Press, 1988.

[Duf92] D. Duffie. *Dynamic Asset Pricing Theory.* Prinston University Press, 1992.

[DVJ88] D. J. Daley and D. Vere-Jones. *An Introduction to the Theory of Point Processes.* Springer, 1988.

[Fel50] W. Feller. *An Introduction to probability theory and its applications.* Wiley, 1950.

[Fis78] M. Fisz. *Wahrscheinlichkeitsrechnung und mathematische Statistik.* Deutscher Verlag der Wissenschaften, 1978.

[Ger95] H. U. Gerber. *Life Insurance Mathematics.* Springer, 2 edition, 1995.

[HK79] J. M. Harrison and D. Kreps. Martingales and multiperiod security markets. *Journal of Economic Theory,* 20:381–401, 1979.

[HN96] O. Hesselager and R. Norberg. On probability distributions of present values in life insurance. *J. Insurance Math. Econom.,* 18/1:135–142, 1996.

[Hoe69] J. M. Hoem. Markov chain models in life insurance. *Blätter der Deutschen Gesellschaft für Versicherungsmathematik,* 9:91–107, 1969.

[HP81] J. M. Harrison and S. R. Pliska. Martingales, stochastic integrals and continuous trading. *Stochastic Processes and their Applications,* 11:215–260, 1981.

[Hua91] C. Huang. Lecture notes on advanced financial econometrics. Technical report, Sloan School of Management, MIT, Massachusetts, 1991.

[Hul97] J. C. Hull. *Options, Futures and other Derivatives.* Prentice Hall, 1997.

[IW81] N. Ikeda and S. Watanabe. *Stochastic differential equations and diffusion processes.* North-Holland, 1981.

[KP92] P. Kloeden and F. Platen *Numerical Solution of Stochastic Differential Equations,* volume 23 of *Applications of Mathematics.* Springer, 1992.

[KS88] I. Karatzas and S.E. Shreve. *Brownian Motion and Stochastic Calculus.* Springer, 1988.

[Mol92] C. M. Moller. Numerical evaluation of markov transition probabilities based on the discretized product integral. *Scand. Actuarial J.,* pages 76–87, 1992.

[Mol95] C. M. Moller. A counting process approach to stochastic interest. *Insurance Mathematice and Economics,* 17:181–192, 1995.

[NM96] R. Norberg and C. M. Moller. Thiele's differential equation by stochastic interest of diffusion type. *Scand. Actuarial J.,* 1996/1:37–49, 1996.

[Nor90] R. Norberg. Payment measures, interest and discounting. *Scand. Actuarial J.*, pages 14–33, 1990.

[Nor91] R. Norberg. Reserves in life and pension insurance. *Scand. Actuarial J.*, pages 3–24, 1991.

[Nor92] R. Norberg. Hattendorff's theorem and thiele's differential equation generalized. *Scand. Actuarial J.*, pages 2–14, 1992.

[Nor94] R. Norberg. Differential equations for higher order moments of present values in life insurance. *Insurance: Mathematics and Economics*, pages 171–180, 1994.

[Nor95a] R. Norberg. Stochastic calculus in actuarial science. Working paper, Laboratory of Actuarial Mathematics University of Copenhagen, 1995.

[Nor95b] R. Norberg. A time-continuous markov chain interest model with applications to insurance. *J. Appl. Stoch. Models and Data Anal.*, 11:245–256, 1995.

[Nor96a] R. Norberg. Addendum to hattendorff's theorem and thiele's differential equation generalized. *Scand. Actuarial J.*, pages 2–14, 1996.

[Nor96b] R. Norberg. Bonus in life insurance: Principles and prognoses in a stochastic environment. Working paper, Laboratory of Actuarial Mathematics University of Copenhagen, 1996.

[Nor98] R. Norberg. Vasicek beyond the normal. Working paper, Laboratory of Actuarial Mathematics University of Copenhagen, 1998.

[Par94a] G. Parker. Limiting distributions of the present value of a portfolio. *ASTIN Bulletin*, 24/1:47–60, 1994.

[Par94b] G. Parker. Stochastic analysis of a portfolio of endowment insurance policies. *Scand. Actuarial J.*, 2:119–130, 1994.

[Par94c] G. Parker. Two stochastic approaches for discounting actuarial functions. *ASTIN Bulletin*, 24/2:167–181, 1994.

[Per94] S. A. Persson. *Pricing Life Insurance Contracts under Financial Uncertainty*. PhD thesis, Norwegian School of Economics and Business Administration, Bergen, 1994.

[Pli97] S. R. Pliska. *Introduction to Mathematical Finance. Discrete Time Models.* Blackwell Publishers, 1997.

[Pro90] P. Protter. *Stochastic Integration and Differential Equations*, volume 21 of *Applications of Mathematics*. Springer, 1990.

[PT93] H. Peter and J. R. Trippel. Auswertungen und Vergleich der Sterblichkeit bei den Einzelkapitalversicherungen der Schweizerischen Lebensversicherungs- und Rentenanstalt in den Jahren 1981 - 1990. *Mitteilungen der Schweiz. Vereinigung der Versicherungsmathematiker*, pages 23–44, 1993.

[RH90] H. Ramlau-Hansen. Thiele's differential equation as a tool in product developpement in life insurance. *Scand. Actuarial J.*, pages 97–104, 1990.

[Rog97] L. C. G. Rogers. The potential approach to the term structure of interest rates and foreign exchange rates. *Mathematical Finance*, pages 157–176, 1997.

[Vas77] O. Vasicek. An equilibrium characterisation of the term structure. *Journal of Financial Economics*, 5:177–188, 1977.

[WH86] H. Wolthuis and I. Van Hoek. Stochastic models for life contingencies. *Insurance Mathematics and Economics*, 5:217–254, 1986.

[Wil86] A. D. Wilkie. Some applications of stochastic interest models. *Journal of the Institute of Actuaries Student Soc.*, 29:25–52, 1986.

[Wil95] A. D. Wilkie. More on a stocastic asset model for actuarial use. *British Actuarial Journal*, 1, 1995.

[Wol85] H. Wolthuis. Hattendorf's theorem for a continuous-time markov model. *Scand. Actuarial J.*, 70, 1985.

[Wol88] H. Wolthuis. *Savings and Risk Processes in Life Contingencies*. PhD thesis, University of Amsterdam, 1988.

Notation

Index